植物组织培养理论与实践探索

马 丽 著

·北京·

图书在版编目（CIP）数据

植物组织培养理论与实践探索 / 马丽著. —北京：科学技术文献出版社，2020. 4（2020. 10重印）

ISBN 978-7-5189-6476-5

Ⅰ. ①植… Ⅱ. ①马… Ⅲ. ①植物组织—组织培养—研究 Ⅳ. ① Q943.1

中国版本图书馆 CIP 数据核字（2020）第 034306 号

植物组织培养理论与实践探索

策划编辑：孙江莉　　责任编辑：张　红　　责任校对：张吲哚　　责任出版：张志平

出 版 者　科学技术文献出版社
地　　址　北京市复兴路15号　邮编 100038
编 务 部　（010）58882938，58882087（传真）
发 行 部　（010）58882868，58882870（传真）
邮 购 部　（010）58882873
官方网址　www.stdp.com.cn
发 行 者　科学技术文献出版社发行　全国各地新华书店经销
印 刷 者　北京虎彩文化传播有限公司
版　　次　2020 年 4 月第 1 版　2020 年 10 月第 2 次印刷
开　　本　710 × 1000　1/16
字　　数　210千
印　　张　11.75
书　　号　ISBN 978-7-5189-6476-5
定　　价　48.00元

前　言

植物组织培养是以植物细胞全能性和植物生长调节剂的应用为基础发展起来的一门生物技术学科，涉及植物生理学、病理学、药学、遗传学、生物化学、育种学等多个领域，并在农业、林业、工业、医药业等多个行业得到了广泛的应用，产生了巨大的经济效益和社会效益，已成为当代生物科学中最具生命力的学科之一。

在现代植物生物工程技术迅猛发展的当今社会，对植物组织培养理论与实践进行系统化、科学化研究，已经成为一种必然趋势。本书以植物组织培养为研究对象，在简要阐述植物组织培养的概念与类型、任务与发展、应用及展望的基础上，对植物组织培养的基本原理和基本技术进行了理论性分析，并分别对园林植物组织培养、药用植物组织培养、粮食作物组织培养和经济作物组织培养进行了实践性探索。

本书共分为七章，第一章是绪论，主要对植物组织培养的概念与类型、任务与发展、应用与展望进行分析与阐述，为植物组织培养理论与实践探索奠定研究基础；第二章是植物组织培养基本原理，主要对植物细胞的全能性和细胞分化、植物离体培养下的形态发生、植物离体培养形态发生的影响因素等内容进行了具体分析；第三章是植物组织培养基本技术，主要对培养基的成分与配制技术、植物组织培养设备与无菌操作技术、继代培养与试管苗驯化移栽技术、植物组织培养条件及调控技术、外植体种类及其接种技术进行研究与探索；第四章是园林植物组织培养实践，主要以具体植物为例，详细介绍了草本园林植物、木本园林植物、球根园林植物、水生园林植物、蕨类园林植物、多肉类园林植物的组织培养方法；第五章是药用植物组织培养实践，主要以具体植物为例，论述了根和根茎类药材、茎类和皮类药材、叶类和花类药材、果实和种子类药材及全草类药材的组织培养实践；第六章是粮食作物组织培养实践，主要介绍了水稻、小麦、玉米、高粱、大麦、荞麦、马铃薯、甘薯等粮食作物的组织培养具体方法；第七章是经济作物组织培养实践，主要以具体植物为例，阐述了蔬菜作物的组织培养、油料作物的组织培养、果树和茶树的组织培养。

本书在编撰过程中，参考并采用了多位专家、学者关于植物组织培养的研究成果，在此表示感谢。由于笔者时间和能力水平有限，书中难免存在疏漏与不妥之处，恳请专家学者和广大读者批评、指正。希望本书能为关注植物组织培养理论与实践的相关人员提供一定的理论和实践指导。

马　丽

2019 年 12 月

目　　录

第一章　绪　论 …… 1

第一节　植物组织培养的概念与类型 …… 1

一、植物组织培养的概念 …… 1

二、植物组织培养的类型 …… 2

第二节　植物组织培养的任务与发展 …… 4

一、植物组织培养的任务 …… 4

二、植物组织培养的发展 …… 5

第三节　植物组织培养的应用及展望 …… 12

一、植物组织培养的应用 …… 12

二、植物组织培养的展望 …… 16

第二章　植物组织培养基本原理 …… 17

第一节　植物细胞的全能性和细胞分化 …… 17

一、植物细胞全能性 …… 17

二、植物细胞的分化与脱分化 …… 18

第二节　植物离体培养下的形态发生 …… 21

一、植物愈伤组织培养 …… 21

二、植物离体培养形态发生途径 …… 23

三、体细胞胚胎发生过程中的生理生化变化 …… 25

四、植物离体培养形态发生调控机制 …… 28

第三节　植物离体培养形态发生的影响因素 …… 30

一、植物种类和生理状态 …… 30

二、培养基 …… 31

三、培养条件 …… 33

第三章 植物组织培养基本技术 …… 34
第一节 培养基的成分与配制技术 …… 34
一、培养基的成分 …… 34
二、培养基的类型 …… 37
三、培养基的配制 …… 39
第二节 植物组织培养设备与无菌操作技术 …… 42
一、植物组织培养的设备 …… 42
二、植物组织培养的无菌操作技术 …… 45
第三节 继代培养与试管苗驯化移栽技术 …… 47
一、继代培养技术 …… 47
二、试管苗驯化移栽技术 …… 49
第四节 植物组织培养条件及调控技术 …… 51
一、温度与光照 …… 51
二、气体与湿度 …… 52
三、渗透压与pH …… 53
第五节 外植体种类及其接种技术 …… 53
一、外植体的种类 …… 53
二、外植体选择的原则 …… 54
三、外植体的接种 …… 55

第四章 园林植物组织培养实践 …… 57
第一节 草本和木本园林植物的组织培养 …… 57
一、草本园林植物组织培养 …… 57
二、木本园林植物组织培养 …… 68
第二节 球根和水生园林植物的组织培养 …… 78
一、球根园林植物组织培养 …… 78
二、水生园林植物组织培养 …… 84
第三节 蕨类和多肉类园林植物的组织培养 …… 91
一、蕨类园林植物组织培养 …… 91
二、多肉类园林植物组织培养 …… 96

第五章　药用植物组织培养实践……………………………… 100
第一节　根和根茎类药材的组织培养……………………………… 100
一、人参的组织培养……………………………… 100
二、甘草的组织培养……………………………… 103
三、黄芪的组织培养……………………………… 104
四、黄连的组织培养……………………………… 106
第二节　茎类和皮类药材的组织培养……………………………… 107
一、黄檗的组织培养……………………………… 107
二、厚朴的组织培养……………………………… 109
三、刺五加的组织培养……………………………… 111
第三节　叶类和花类药材的组织培养……………………………… 114
一、枇杷的组织培养……………………………… 114
二、罗布麻的组织培养……………………………… 116
三、菊花的组织培养……………………………… 117
四、金银花的组织培养……………………………… 119
第四节　果实和种子类药材的组织培养……………………………… 121
一、枳壳的组织培养……………………………… 121
二、龙眼的组织培养……………………………… 122
三、荔枝的组织培养……………………………… 124
第五节　全草类药材的组织培养……………………………… 125
一、石斛的组织培养……………………………… 125
二、灯盏花的组织培养……………………………… 127
第六章　粮食作物组织培养实践……………………………… 130
第一节　水稻和小麦作物的组织培养……………………………… 130
一、水稻组织与细胞培养技术……………………………… 130
二、小麦组织与细胞培养技术……………………………… 135
第二节　玉米和高粱作物的组织培养……………………………… 140
一、玉米组织与细胞培养技术……………………………… 140
二、高粱组织与细胞培养技术……………………………… 145
第三节　大麦和荞麦作物的组织培养……………………………… 148

一、大麦组织与细胞培养技术…………………………………… 148
二、荞麦组织与细胞培养技术…………………………………… 151
第四节 马铃薯和甘薯作物的组织培养…………………………… 154
一、马铃薯组织与细胞培养技术………………………………… 154
二、甘薯组织与细胞培养技术…………………………………… 156

第七章 经济作物组织培养实践…………………………………… 159

第一节 蔬菜作物的组织培养……………………………………… 159
一、生姜的组织培养……………………………………………… 159
二、白菜的组织培养……………………………………………… 160
三、大蒜的组织培养……………………………………………… 162
第二节 油料作物的组织培养……………………………………… 165
一、大豆的组织培养……………………………………………… 165
二、油菜的组织培养……………………………………………… 168
第三节 果树、茶树的组织培养…………………………………… 172
一、果树的组织培养……………………………………………… 172
二、茶树的组织培养……………………………………………… 176

参考文献…………………………………………………………… 178

第一章 绪 论

植物组织培养是植物遗传工程、生理生态研究的重要工具，涉及领域多，应用范围广，具有极大的经济和社会效益，其所形成的产业已经成为21世纪的高科技支柱产业之一。本章主要着眼于植物组织培养的基础知识与发展状况，对植物组织培养的概念与类型、任务与发展、应用与展望进行分析与阐述，为植物组织培养理论与实践探索奠定研究基础。

第一节 植物组织培养的概念与类型

一、植物组织培养的概念

植物组织培养指的是以无菌操作和人工控制环境条件为基础，通过人工培养基，对植物的胚胎、器官、组织、细胞等进行操作和培养，使其增殖、生长或再生，从而发育出完整植株的生物技术。

无菌操作和人工控制环境条件是植物组织培养的基本要求。其中，无菌操作主要是指为了保证外植体能够正常增殖、生长和发育而使培养器皿、所用器械、培养基、外植体等处于没有真菌、细菌、病毒等有害生物存在的状态中；人工控制环境条件主要是指为了保证外植体在脱离母体情况下的生长和发育而对光照、温度、湿度、气体等条件进行人工控制。

植物组织培养中那些从活体植物体上分离出来接种在培养基上的无菌植物胚胎、器官、组织、细胞等，被称为外植体。因为外植体是脱离了母体而被接种在培养基上的，所以植物组织培养也被叫作植物离体培养。在外植体中，植物的胚胎是种子的重要组成部分，主要包括胚芽、胚轴、胚根和子叶4个部分；植物的器官可分为营养器官和生殖器官，主要包括根、茎、叶、花、果实、种子、叶原基、花器原基等；植物的组织是由来源相同和执行同一功能的一种或多种类型细胞集合而成的结构单位，介于细胞和器官之间，主要包括分生组织、形成层、木质部、韧皮部、表皮、皮层、薄壁组织、髓部、花药组织等；植物的细胞是植物生命活动的结构与功能的基本单位，主要包括体细胞、生殖细胞等。

在植物组织培养中，如果条件适宜，外植体就可以长出愈伤组织，并诱导器官再生而形成完整植株。这里的愈伤组织，指的是植物体在局部受创伤刺激后伤口表面新生的不定形组织，具有促进创伤部位愈合、帮助嫁接砧木和接穗愈合、促使扦插伤口不定根或不定芽的生成等作用。植物组织培养中外植体的愈伤组织形成需要经历启动期、分裂期和形成期 3 个时期，具体过程为：①外植体中的活细胞经诱导恢复其潜在全能性；②恢复潜在全能性的活细胞转变为分生细胞；③分生细胞分化为薄壁组织，愈伤组织形成。

二、植物组织培养的类型

（一）根据培养对象分类

根据培养对象的不同，植物组织培养可分为植株培养、胚胎培养、器官培养、组织培养、细胞培养和原生质体培养等类型，具体如表 1–1 所示。

表 1–1　植物组织培养分类（根据培养对象分类）

分类	培养对象
植株培养	幼苗、较大植株等完整植株材料
胚胎培养	从果实或子房中分离出来的成熟胚或幼胚
器官培养	植物的根尖、根段、基尖、基段、叶原基、叶片、子叶、叶柄、叶鞘、花瓣、堆器、胚珠、子房、果实等器官
组织培养	植物的茎尖分生组织、形成层、木质部、韧皮部、表皮组织、皮层组织、胚乳组织、薄壁组织等组织和植物器官培养产生的愈伤组织
细胞培养	植物器官、组织、愈伤组织上分离出来的单细胞、花粉单细胞或小细胞团
原生质体培养	除去植物细胞壁的、裸露的、有生活的原生质体

（二）根据培养过程分类

根据植物组织培养的过程，可将植物组织培养分为初代培养和继代培养两种，下面对初代培养和继代培养进行具体分析。

1. 初代培养

所谓初代培养，指的是对外植体进行接种后的最初的几代培养，其主要目的是获得无菌材料和无性繁殖系。在植物组织初代培养中，常用含有较多细胞分裂质和少量生长素的诱导或分化培养基，建立的无性繁殖系主要有茎梢、芽丛、胚状体和原球茎等。

2. 继代培养

所谓继代培养，指的是通过更换新鲜培养基、不断切割或分离的方式，对外植体或增殖培养物进行的连续多代的培养。继代培养的主要目的是让外植体或增殖培养物顺利增殖、生长、分化，乃至长成完整的植株，其主要作用是防止培养的细胞老化，减少培养基养分耗尽造成的营养不良和代谢物过多积累毒害的影响，避免培养物增殖、生长、分化的方式发生改变。

植物组织继代培养可根据次数的不同，分为 1 次继代培养、2 次继代培养和多次继代培养。继代培养次数对不同的培养材料有不同的影响，如葡萄经过多次继代培养仍然能够保持最初的再生能力和增殖率，而香蕉的继代培养次数则不能过多。一些不适合长期多次继代培养的植物，如果经历多次继代培养，就会出现生长不良、再生能力下降、增殖率下降等问题。

增殖培养是植物组织继代培养的常用手段。由于不同外植体的分化和生长的方式不尽相同，继代培养中的增殖培养方式也有所差别，常见的增殖培养方式主要有多节茎段增殖、丛生芽增殖、不定芽增殖、原球茎增殖、胚状体增殖等。不仅不同植物的增殖方式有所不同，同一种植物的增殖方式也不是单一、固定的，一些植物，如葡萄、蝴蝶兰等，可通过多种增殖方式实现快速繁殖。在植物继代培养实践中，要根据植物的增殖系数、增殖周期、增殖后芽的稳定性等因素，来确定采用何种增殖培养方式。

（三）根据培养基的物理状态分类

根据培养基的物理状态的不同，可将植物组织培养分为液体培养和固体培养两类，下面对液体培养和固体培养进行具体分析。

1. 液体培养

所谓液体培养，指的是将植物细胞或植物体的一部分直接接种于液体培养基中，并通过振荡和搅拌的方式，使其在悬浊液中生长繁殖的一种培养方法。液体培养多用于单细胞、小细胞团和原生质体的培养，其主要目的在于迅速获得大量繁殖体。

2. 固体培养

所谓固体培养，指的是将琼脂、明胶等凝固剂加入液体培养基中，使液体培养液达到半固化状态，再进行接种培养的一种培养方法。在固体培养中，琼脂是应用较为广泛的凝固剂，其熔点和凝固点分别为 98 ℃和 42 ℃，主要成分是多聚半乳糖硫酸酯，能够在培养基中起支撑作用。

第二节　植物组织培养的任务与发展

一、植物组织培养的任务

植物组织培养所要承担的任务是建立在其所具有的优越性基础之上的。植物组织培养的优越性主要体现为其可以在不受植物体其他部分干扰、不受外界环境条件影响的条件下进行植物生长和分化规律的研究，此外，它还具有遗传特性一致、品质与产量高、处理误差小、生产效率高等优势。下面对植物组织培养的优越性和任务进行具体分析。

（一）植物组织培养的优越性

1. 外植体来源单一，遗传特性一致

植物组织培养的对象是细胞、组织、器官、小植株等微小的个体，这些个体都可以从同一植物个体中获取，在遗传性状方面必然具有较高的一致性，在具体培养过程中获取的不同水平的无性系在遗传背景方面也是一致的。这就能够较好地保持原有品种的优良性状，从而培养出大批量规格统一、质量高的苗木，在很大程度上促进植物优良品种的保质、保纯和扩繁。

2. 离体繁殖诱变，可避免嵌合体形成

植物组织培养是直接使用诱变剂对悬浮培养物的单细胞和原生质体进行处理并筛选所需突变体的，因而能够对嵌合体的形成起到一定的限制作用，从而能有效避免嵌合体的形成，能在节省人力和财力、减少时间浪费、突破环境条件限制的同时，扩大变异谱，提高变异率。

3. 无毒苗生产，品质与产量高

植物组织培养使用的是茎尖培养和热处理结合的方法，能够有效去除大部分植物的病毒、真菌和细菌，为外植体的生长、发育和繁殖创造无毒环境，从而有效提高植株的生长势、抗逆性和品质，并增加产量。

4. 环境条件可控，处理误差小

植物组织培养中所用培养基的成分及所需要的环境条件都是可控的，尤其是温度、光照强度、光质、光周期等环境条件，都可以人为控制，试验处理过程中产生的误差也非常小。这种环境条件可控性对植物组织培养的高度集约化和高密度工厂化生产具有积极影响。

5. 种质离体保存，占用空间小

和常规种质资源保存代价高、空间大、时间短、易受环境影响等特点相比，植物组织培养的种质资源保存具有占用空间小、保存时间长且不容易受到环境条件影响等优势，是植物种质资源保存的重大突破。在植物组织培养中，种质资源保存采用的是离体超低温保存技术，保存一个细胞就等同于保存了一粒种子，占用的空间比常规的种子保存小了数万倍，而且植物组织培养中种质离体保存所用到的液氮，能够长时间地保存种质资源，不需要时常更新，对植物种质资源的保存和延续具有特殊意义。

6. 繁殖速度快，生产效率高

植物组织培养采用的是快繁技术，只需要植物原材料上的一小块组织或器官便可批量生产优质苗木，且繁殖速度极快，能够在节约繁殖材料的同时，满足市场对优质苗木的大量需求。和盆栽、田间栽培不同，植物组织培养不需要耕种、除草、施肥、灌溉、防病虫害等，能够在很大程度上节省人力、物力和财力，有效提高生产效率。

（二）植物组织培养的主要任务

根据植物组织培养的优越性，结合植物组织培养在当代生物科学中的地位，可明确组织培养的任务。植物组织培养的主要任务如图 1-1 所示。

二、植物组织培养的发展

植物组织培养研究自 1902 年 Haberlandt 首次进行离体细胞培养实验开始，时至今日，已有一百多年历史。在这一百多年的历史中，植物组织培养充分汲取细胞学、植物生理学、微生物无菌培养技术等知识营养，不断发展和完善，已经逐渐成为理论基础基本完备、实验技术先进科学、应用实践硕果累累的生物科学分支。通过对植物组织培养发展历史的梳理和分析，我们可以将植物组织培养的发展历程概括为 3 个阶段，即探索阶段、奠基阶段和迅速发展阶段。

（一）探索阶段

植物组织培养的探索阶段指的是从 1902 年 Haberlandt 首次进行离体细胞培养实验到 20 世纪 30 年代初这一时期。该阶段发展的理论基础有两个，一是细胞学说的产生；二是细胞全能性设想的提出。植物组织培养技术就是以此为基础逐渐产生和发展起来的。

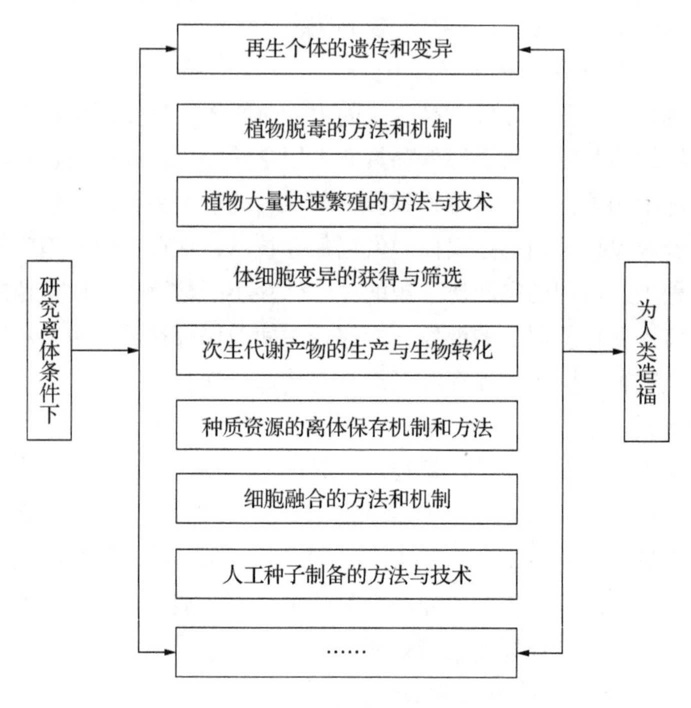

图 1–1　植物组织培养的主要任务

1. 细胞学说的产生

细胞学说是德国植物学家 Schleiden 和动物学家 Schwann 在 1838—1839 年创立的。该学说认为，细胞是动植物结构和生命活动的基本单位，所有的生物都是由细胞构成的，而且细胞只能通过细胞分裂产生。细胞学说、生物进化论、能量守恒和转化定律，被认为是 19 世纪自然科学的三大发现，细胞学说理论为植物组织培养理论的产生奠定了理论基础。

2. 细胞全能性设想的提出

细胞全能性设想的提出者是德国著名植物生理学家 Haberlandt。1902 年，Haberlandt 提出了高等植物的器官和组织能够一直分割到单个细胞的设想，并认为只要条件适宜，植物细胞就可以发育成完整的植株，即植物细胞全能性。为了验证细胞全能性的设想，Haberlandt 尝试在添加蔗糖的 Knop's 溶液中培养各种植物细胞，如小野芝麻栅栏细胞、大花凤眼兰的叶柄木质部髓细胞、紫鸭跖草的雄蕊绒毛细胞、虎眼万年青属植物的表皮细胞等。但是，由于当时的技术水平有限，Haberlandt 并没有得到理想结果，即没有观察到细胞分裂，只看到了细胞的生长、细胞壁的加厚和淀粉的形成。尽管如此，Haberland 仍然是植物细胞组织培养的开创者，他不但创造性地进行了第一次离体细胞培养实验，发表了相关报告，还分析了胚囊液在组织培养中的作用，提出了看护培养法，为植物组织培养技术的发展和完善奠定了坚实的基础。

3. 植物组织培养理论的探索

在细胞学说和细胞全能性设想的基础上，人们就植物组织培养理论进行了一系列有益探索。

1904 年，Hannig 用无机盐和蔗糖溶液来培养萝卜和辣根的胚，这些离体培养的胚最终发育成熟，使得该试验成为世界上第一个成功的胚胎培养试验。

1908 年，Simon 对白杨嫩茎在培养基中的发育过程进行了研究，在研究中看到了白杨嫩茎愈伤组织的产生、根的形成和芽的萌发。

1922 年，Kotte 和 Robbins 在不同的环境条件下将 1.45 ~ 3.75 cm 长的豌豆、玉米和棉花的茎尖、根尖培养成了缺绿的茎和根。Kotte 使用的是含无机盐、葡萄糖、蛋白胨、天冬酰胺和添加各种氨基酸的培养基；Robbins 使用的是含无机盐、葡萄糖或果糖的琼脂培养基。Kotte 和 Robbins 的实验是最早的关于根尖培养的实验。

1922—1929 年，Kundson 用胚胎培养出了大量兰花幼苗，为兰花种子难发芽问题提供了科学的解决路径。Laibach 则用人工培养基将亚麻种间杂交形成的幼胚成功培养为种间杂种，证明了植物远缘杂交可以采用胚培养。

（二）奠基阶段

植物组织培养的奠基阶段指的是从 20 世纪 30 年代中期到 50 年代末期这一时期。该阶段的植物组织培养研究成果主要有两个：①发现了 B 族维生素对植物生长的促进作用；②证实了植物激素对器官形成的控制作用。下面将通过时间脉络，对这一阶段的植物组织培养研究成果进行具体介绍。

1933 年，我国植物学、生态学家李继侗和生物化学、分子生物学家沈同报道了他们通过天然提取物进行植物组织培养的研究结果。他们将银杏胚乳提取物加入培养基中进行培养，获得了银杏的胚。

1934 年，美国学者 White 将番茄根放入含无机盐、酵母浸出液和蔗糖的培养基中进行离体培养，成功建立了世界上第一个生长活跃的、可继代增殖的无性繁殖系。同年，荷兰学者 F. Kogl 等从玉米油和麦芽等材料中分离和提取出了能够促进植物子叶鞘生长的物质吲哚乙酸，即 IAA；法国学者 R. J. Gautheret 在对山毛柳和欧洲黑杨进行形成层组织培养的过程中发现，尽管这些组织能够在含葡萄糖和盐酸半胱氨酸的 Knop's 溶液中保持几个月的增殖，但如果不在培养基中添加 B 族维生素和 IAA，植物形成层组织的增殖效果就不会特别明显。

1937 年，White 又开创性地使用吡哆醇、硫胺素和烟酸 3 种 B 族维生素，替代了酵母浸出液，并取得了成功。时至今日，吡哆醇、硫胺素和烟酸还是大部分培养基中必不可少的重要成分。

1937—1938 年，R. J. Gautheret 在 White 发现 B 族维生素意义的基础上，将吡哆醇、硫胺素和烟酸添加到培养基中，继续对柳树形成层进行培养，发现 B 族维生素能够极大提升柳树形成层的生长速度。在这期间，Nobecourt 通过对胡萝卜根外植体的培养，成功实现了细胞增殖。

1939 年，Gautheret 成功连续培养胡萝卜根形成层，White 通过烟草种间杂种幼茎切段的原形成层组织成功建立了连续生长的组织培养物。Gautheret、White 和 Nobecourt 被认为是植物组织培养的奠基人。

1941 年，J. VanOverbeek 第一次在培养基中加入椰子汁作为培养基的附加物，成功将曼陀罗幼胚离体培养成熟。

1942 年，Gautheret 成功观察到了植物愈伤组织培养中的次生代谢物质。

1943 年，White 出版了植物组织培养领域的第一本专著《植物组织培养手册》，使植物组织培养成为一门新兴学科。

1944 年，我国学者罗士韦对菟丝子进行茎尖培养研究，并在 1946 年发表相关报告，展示了茎尖分化成花芽的研究成果。这是用组织培养方法研究植物成花生理学的第一个成功案例。

1951 年，崔澂和 Skoog 等观察到腺嘌呤或腺苷能够促进愈伤组织生长，解除培养基中 IAA 对芽形成的抑制，对植物芽的形成具有诱导和促进作用。以此为根据，他们确定了腺嘌呤和生长素的比例对芽形成和根形成的重要作用。

1952 年，Morel 和 Martin 第一次证明了已侵染病毒的大丽花可以通过茎尖分生组织的离体培养，形成去病毒的大丽花植株。

1953 年，Tulecke 通过培养银杏花粉粒，得到了银杏单倍体愈伤组织。

1953—1954 年，Muir 将万寿菊和烟草的愈伤组织置于液体培养基中，通过往复式摇床振荡破碎组织，获得由单细胞或细胞聚集体组成的细胞悬浮液，对其进行了继代培养繁殖。

1955 年，Miller 等在鲱鱼精子 DNA 热压水解产物中观察到了对细胞分裂和芽形成具有促进作用的、活力极高的物质，并对其结构式进行鉴定，将其命名为激动素。

1957 年，Skoog 和 Miller 认为植物激素对植物器官的形成具有控制作用，并指出在烟草髓组织培养中，对植物器官分化的控制可通过改变培养基中生长素和细胞分裂素的比例来实现，即提高生长素和细胞分裂素比例，能够促进根的生成；降低生长素和细胞分裂素比例，则能够促进芽的分化。

1958 年，Steward 等通过胡萝卜组织培养实验，证实了 Haberlandt 的细胞全能性设想，在植物组织培养研究史上留下了浓墨重彩的一笔。同年，Wickson 和 Thimann 提出外源细胞分裂素对顶芽存在情况下正在休眠的腋芽的启动生长具有促进作用，也就是说，在含细胞分裂素的培养基中培养植物茎尖，能够改变侧芽的休眠状态，将既存于原茎尖上的腋芽和原茎尖在培养中长成的侧枝上的腋芽从顶端优势中解脱出来，形成微型多枝多芽的小灌木丛状结构，如果在短时间内不断切割嫩梢，使嫩梢转到生根培养基上生根，就能批量复制生产出小植株。该技术经过 Mu-rashige 的优化，已经成为植物快速繁殖中广泛应用的一门技术。

1958—1959 年，Reinert 和 Steward 都对胡萝卜直根髓的愈伤组织进行了培养，提出胡萝卜直根髓愈伤组织制备的单细胞能够通过悬浮培养形成大量体细胞胚。

在植物组织培养奠基阶段，人们对植物组织培养条件和培养基成分进行了广泛研究，实现了对离体细胞生长和分化的控制，促进了植物组织培养技术体系的建立，为植物组织培养的发展奠定了理论和实践基础。

（三）迅速发展阶段

植物组织培养的迅速发展阶段指的是从 20 世纪 60 年代至今的这一时期。在前两个阶段理论和技术的基础之上，该阶段的植物组织培养技术不再局限于实验室中，而是和常规育种、良种繁育、遗传工程技术等一起，极大促进了植物改良。

1. 原生质体融合培养研究

1960 年，Cocking 等人用真菌纤维素酶、果胶酶等从番茄幼根中分离获得大量活性原生质体，创造性地完成了对植物原生质体培养和体细胞杂交的研究。1968 年，Takebe 首次用商品酶从烟草叶肉中分离出了烟草叶肉原生质体，同年，Power 等用一步法分离出原生质体。1971 年，Takebe 等第一次利用烟草叶肉原生质体成功培养出了再生植株，一方面证明了无壁原生质体和体细胞、生殖细胞一样具备全能性；另一方面也为外源基因的导入提供了较好的受体材料。1972 年，Carlson 等通过烟草种间原生质体融合实验，成功得到了首个体细胞杂种。1975 年，Kao 和 Michayluk 成功研发了 KM8p 培养基，该培养基专门用于植物原生质体的培养。1976 年，Power 等对矮牵牛属间杂种的原生质体进行了融合培养。1978 年，Melchers 和 Lalib 借助属间原生质体融合得到了番茄与马铃薯的属间杂种，同年，Zelcer 等用 X 线照射普通烟草的原生质体，使其与林烟草原生质体融合，第一次利用非对称融合得到了胞质杂种，拓展了植物原生质体融合转移外源染色体和外源基因的新领域。1982 年，Zimmermann 研发了原生质体融合技术的新方法——原生质体电击融合法。目前，大部分植物的原生质体融合研究及实践应用已经取得了较大的进展。

2. 兰科植物快速繁殖研究

1960 年，Morel 通过兰花的茎尖培养实现了脱毒技术和快速繁殖技术的双重应用，使得兰花工业在欧洲、美洲、东南亚等地区逐渐兴起并发展起来。1965 年，Morel 通过兰花离体培养得到了原球茎。目前，人们已经运用兰科植物快速繁殖的相关方法，将近百种兰科植物纳入试管繁殖体系中，为兰科植物种质资源的保存和延续，以及兰科植物的生长、发育和繁殖奠定了坚实的基础。

3. 花药培养研究

1964 年，Guha 和 Maheshwari 第一次在曼陀罗花药培养中通过花粉诱导获得单倍体植株，拓宽了花粉培育单倍体植物的路径。1967 年，Bourgin 和 Nitsch 在烟草培养中借助花药培养得到了单倍体植株。1974 年和 1979 年，Sunderland 创立了散落花粉系列培养法，该方法主要用于禾谷类作物的花粉培养。1975 年，Keudr 和 Thomas 在白菜型油菜和甘蓝型油菜培养中借助花药培养得到了胚状体和再生植株。花药培养研究在 20 世纪 70 年代后开始呈现快速发展之势，成功应用于小麦、高粱、玉米等农作物和蔬菜、果树、花卉等 160 余种物种的培养中，培养出了诸多优良品种。花药培养作为植物分子遗传学研究双单倍体群体构建的有效途径，在抗逆、高产、抗早衰、抗病和优良性状的分子标记、遗传作图、基因克隆等方面发挥着不可或缺的作用。

4. 小孢子培养研究

1973 年，Nitsch 和 Norreel 通过对烟草和曼陀罗小孢子的培养，得到了纯合二倍体和种子，使植物单倍体细胞培养成为可能。1982 年，Lichter 等第一次通过对甘蓝型油菜游离小孢子的培养，得到了再生植株。1988 年，Pechan 等成功培养了大麦小孢子，得到了再生植株。1989 年，Coumans 成功培养了玉米小孢子，得到了再生植株。此后几十年间，人们对结球甘蓝、青花菜、芥蓝等作物的小孢子进行了培养，并取得了成功。和花药培养相比，小孢子培养的效率要高出许多，所以小孢子培养有着很大的实践应用潜力。

5. 胚胎培养研究

1904 年，Hanning 第一次成功培养了萝卜和辣根的胚，并使其萌发成小苗。1934 年，李继桐等成功培养了银杏离体胚。1960 年，Smith 成功培养了早熟桃的胚胎，使原本不能得到植株的早熟桃得到了植株。1981 年，Ramming 成功培养了无籽葡萄胚胎，得到了完整植株。1983 年，中国农科院棉花研究所对陆地棉和中棉进行种间杂交，取出幼胚培养，获得杂种后代，将中棉的优良性状转移到了陆地棉上，使陆地棉具备了早熟性能，获得了较强的抗逆性。此后，人们对萝卜和大白菜、大白菜和甘蓝、栽培大麦和普通小麦等进行种属间或种间杂交，获得胚胎，培养出了多种杂交植物。

6. 人工种子研究

1958 年和 1959 年，Steward 等和 Reinert 分别通过胡萝卜悬浮细胞培养和胡萝卜愈伤组织固体培养，得到了体细胞胚，为人工种子的研究奠定了基础。1978 年，Murashige 第一次提出了“人工种子”一词。1984 年，Redenbaugh 等第一次将胡萝卜体细胞胚用海藻酸钠包埋起来，获得了含单个胚的胡萝卜人工种子。1985 年，Kamada 拓展了人工种子的概念，认为人工种子指的是使用恰当方法包埋组织培养而得到的可发育成完整植株的分生组织及可取代天然种子播种的颗粒体。1998 年，陈正华等进一步延伸了人工种子的概念，认为人工种子指的是所有能够发育成完整植株的繁殖体。时至今日，尽管人工种子的批量生产仍存在不少问题，但人工种子的研究对“植物种子”这一通过无性克隆繁殖的、高效的、工厂化生产的植物繁殖材料的发展具有特殊意义。

7. 转基因培养研究

1991 年，Gould 等通过农杆菌转化玉米茎尖分生组织，得到了完整的转基因植株。1993 年，Chan 等通过农杆菌介导法对水稻的未成熟胚进行转化，得到了完整的转基因植株。1997 年，Cheng 等在大麦叶等单子叶植物转基因培养上取得了成功。植物转基因技术主要通过农杆菌介导法、直接转入法、原生质体融合法和花粉管通道法等转化方法实现，其中农杆菌介导法是最为常用的转化方法。植物转基因技术能够使植物稳定遗传并获得新的农艺性状，如抗虫、抗病、抗逆、高产、优质等，对作物改良具有积极意义。国际农业生物技术应用服务组织发布的《2018 年全球生物技术/转基因作物商业化发展态势》报告显示，2018 年全球转基因作物种植国家有 26 个，种植面积已达 1.917 亿公顷，约是 1996 年的 113 倍。

第三节　植物组织培养的应用及展望

一、植物组织培养的应用

（一）在植物育种上的应用

目前，植物组织培养已经在植物育种领域得到了广泛的应用，在植物遗传变异性的增加、植物种性的改良、植物新品种的培育、植物育种周期的缩短和植物育种效率的提高等方面发挥着重要作用。下面对植物组织培养在植物育种上的应用进行具体分析。

1. 单倍体育种

所谓单倍体育种，指的是植物组织培养中的离体花药或花粉培养的单倍体育种法。该方法具有常规方法所不能比拟的优势，能够在短时间内获取植物的纯系，有效缩短植物育种的时间，从而减少人力和物力的浪费，提高植物育种的效率。

1964 年，印度科学家 Guha 和 Maheshwari 成功获得世界上第一株曼陀罗花粉单倍体植株。自此以后直到今天，世界上已经有 300 种以上的植物获得了花粉单倍体植株。

我国的单倍体育种开始于 20 世纪 70 年代。1974 年，中国农业科学院烟草研究所通过单倍体育种法培育出了单育 1 号烟草品种，该品种是世界上第一个作物新品种。据不完全统计，我国已经有超过 22 科 52 属 160 种的植物，能够通过花药或花粉培育成功，特别是水稻、小麦、烟草、辣椒、大白菜等植物的单倍体育种，在世界上名声斐然。我国运用单倍体育种法培养出来的植物品种有很多，比较著名的品种如图 1–2 所示。

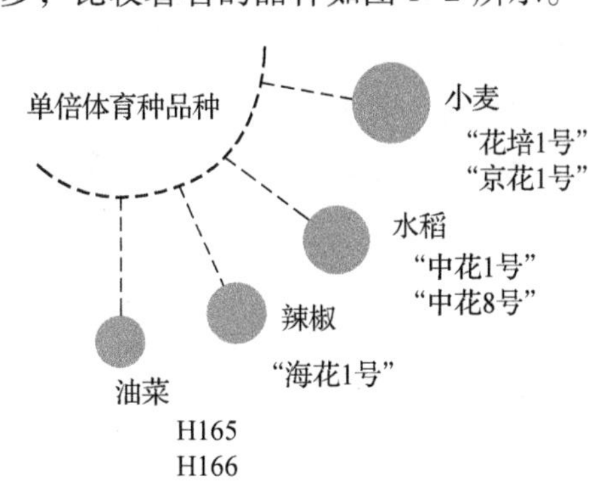

图 1–2 我国著名的单倍体育种品种

2. 培育远缘杂种

所谓远缘杂交，指的是不同种、属或亲缘关系更远的物种间的杂交，其所产生的新物种或新品种，被称为远缘杂种。

在远缘杂交中，植物的受精后障碍极容易导致杂交不育，使得远缘杂交问题重重。而植物组织培养所采用的胚、子房、胚珠培养和试管授精等手段，不仅能够有效促进杂种胚的正常发育，提高杂交后代培养的成功率，还能够通过无性系繁殖进一步培养出大批量、同性状的植物群体。

最早用植物组织培养技术成功培育出远缘杂种的是 Laibach。1925 年，Laibach 通过杂种胚培养，成功获得了亚麻属的宿根亚麻和奥地利亚麻两个栽培种杂交的远缘杂种，克服了这两个栽培种的杂交胚败育问题。目前，已有 50 多个科、属的植物在远缘杂种胚培养中使用这一技术，并取得了成功。例如，由大白菜和甘蓝杂交而成的远缘杂种“白兰”，就是通过杂种胚培养获得的。

对于因种子内部没有胚乳而缺乏萌发所需营养物质的植物种类，如荔枝、蝴蝶兰等，可以通过植物组织培养手段给予种子外部营养，促其萌芽，以此提高该类种子的发芽率。

对于因幼胚太小而难以培养的植物种类，可以通过植物组织培养技术对胚珠和子房进行培养，获得完整植株。例如，可以通过试管授精对胚珠和子房进行培养，克服柱头或花柱对受精的障碍。

此外，利用植物组织培养中的体细胞杂交技术也可以培育远缘杂种。体细胞杂交又被称为体细胞融合，指的是两个不同类型的体细胞融合成一个体细胞的过程，其能够打破物种间生殖隔离，促进物种间有益基因的交流，改良和创新植物品种。目前，人们已经通过体细胞杂交技术成功培育了马铃薯栽培种与其野生种的远缘杂种、甘薯栽培种与其野生种的远缘杂种、马铃薯与番茄的远缘杂种等，获得了大量种间、属间甚至科间的体细胞杂种或愈伤组织。

3. 筛选培育突变体

在植物组织培养中，愈伤组织和悬浮细胞都处在不断分生状态，极易受到培养条件和外界压力的影响而发生变异，所以人们通常会通过使用紫外线、X 线等照射培养物，或在培养基中加入化学诱变剂的方式，来诱导和提高植物组织的突变频率及选择效率，进而提高育种的速度与效率。目前，人们已诱发筛选出大量植物抗病虫性、耐盐、高蛋白、抗除草剂等所需的突变体，为植物育种做出了突出贡献。

4. 转基因育种

所谓转基因育种，指的是用分子生物学方法分割目标基因，并通过克隆、表达载体构建和遗传转化等方式将外来基因整合进植物基因组的育种方法。转基因育种提高了育种的预见性，已广泛应用于植物品质、农艺性状的改良和植物抗病虫性等方面，收获了一大批植物新品种。

（二）在植物脱毒和快速繁殖上的应用

1. 培养无病毒苗

植物病毒病是严重病害，会给植物生产带来严重的经济损失。利用植物组织培养技术对植物进行茎尖分生组织培养，能够培养出可能不含病毒的再生植株，得到无病毒小苗，这些由无病毒苗繁殖出的植株，发生病毒病的概率就会很小，由此便可提高植物的产量和品质。目前，茎尖脱毒技术已在植物生产中得到了广泛的应用，极大提高了植物生产的经济效益和社会效益。

2. 快速繁殖种苗

植物组织培养的快速繁殖技术在植物生产领域应用得最为广泛，效果也最为突出。快速繁殖技术不仅能够通过茎尖、茎段、鳞茎盘等产生大量腋芽，还能够通过根、叶等器官或愈伤组织培养诱导产生不定芽，具有组织培养周期短、增殖率高、小型化等优势，可在有限的时间和空间内培养出大量种苗。目前，快速繁殖育苗已经逐渐形成产业化趋势，试管苗也已在国际市场大量涌现。

（三）在植物生理生化和植物病理研究上的应用

植物组织培养推动了植物生理生化和植物病理研究，是这些领域研究中最常用的研究方法之一。在植物生理生化研究方面，植物细胞和组织培养为人们研究植物生理活动提供了理想的技术体系，对植物矿质营养、有机营养、生长活性物质等研究具有重要意义。在植物病理研究方面，植物细胞培养体系为植物病理学研究创造了良好条件，使其免受环境条件干扰，获得可靠研究结果。植物组织培养产生的部分药用物质如表 1–2 所示。

表 1–2 植物组织培养产生的部分药用物质

药用植物	组织类型	药用成分
人参	愈伤组织、悬浮培养细胞	人参皂苷
三七	愈伤组织	三七皂苷元
盾叶薯蓣	愈伤组织	薯蓣皂苷
獐牙菜	愈伤组织	獐牙菜苦苷
洋地黄	愈伤组织	强心内酯
刺甘草	悬浮培养细胞	海胆啶
颠茄	愈伤组织	颠茄碱
曼陀罗	愈伤组织、悬浮培养细胞	托平生物碱
三分三	愈伤组织	莨菪碱、东莨菪碱
烟草	愈伤组织	烟碱
喜树	愈伤组织	喜树碱
日本黄连	愈伤组织	盐酸小檗碱
罂粟	愈伤组织、悬浮培养细胞	鸦片碱
长春花	愈伤组织、悬浮培养细胞	蛇根碱、阿吗碱
日本粗榧	愈伤组织	粗榧碱
云南萝芙木	愈伤组织	降压灵、利血平
飞龙掌血	愈伤组织	喹啉、呋喃类生物碱
黄麻	悬浮培养细胞	甾醇
番泻树	愈伤组织	游离蒽醌

续表

药用植物	组织类型	药用成分
大黄	愈伤组织	蒽醌
紫草	愈伤组织、悬浮培养细胞	紫草宁
苦瓜	果实、种子	胰岛素
油麻藤	悬浮培养细胞	L－多巴
彩叶苏	悬浮培养细胞	迷迭香酸
商陆	悬浮培养细胞	抗生素
灰叶	悬浮培养细胞	鱼藤酮
中国红豆杉	悬浮培养细胞	紫杉醇
柴胡	愈伤组织	花色素
肉桂	悬浮培养细胞	黄烷酮
楝檬	愈伤组织	黄酮
银杏	悬浮培养细胞	黄烷酮醇、藻蓝素
玫瑰茄	愈伤组织、悬浮培养细胞	花色素
苜蓿	悬浮培养细胞	异黄酮
水母雪莲	愈伤组织、悬浮培养细胞	黄酮
钩藤	愈伤组织、悬浮培养细胞	黄酮

二、植物组织培养的展望

近年来，在学者、专家们的共同努力下，植物组织培养取得了喜人的成就，相关技术和成果已经投入了科研和生产领域，帮助人们解决了很多其他方法难以解决的问题。这无疑给人们研究植物组织培养技术带来了极大的信心，鼓舞着人们持之以恒、百折不挠地探索和完善植物组织培养技术。我们有理由相信，在不久的将来，植物组织培养技术必将在理论研究和实践应用上取得新的成果，成为现代生产中不可或缺的技术手段，在人类的生产和生活中大放异彩。

第二章　植物组织培养基本原理

植物组织培养是指在无菌条件下，将从植物体内分离出的符合需要的组织、细胞、器官等接种在含有营养物质的培养基上进行培养，以获得具有经济价值的完整植株的技术。本章将对植物组织培养的基本原理进行介绍，主要包括植物细胞的全能性和细胞分化、植物离体培养下的形态发生、离体培养形态发生的影响因素等内容。

第一节　植物细胞的全能性和细胞分化

植物细胞的全能性理论主要包括植物细胞全能性的概念、理论背景、证实与应用等方面的内容，细胞分化理论则包括细胞分化与脱分化的概念、结构变化、影响因子、调控机制等内容。

一、植物细胞全能性

（一）植物细胞全能性的概念

植物细胞全能性是指植物中的每一个细胞都具有该植物的遗传信息，在合适的条件下，能够分化出植物有机体内所有类型的细胞，使之形成不同类型的器官、体细胞胚等，最终可形成完整的再生植株。

（二）植物细胞全能性理论提出的背景

植物细胞全能性理论是植物组织培养的核心理论。1838 年，德国植物学家 Schleiden 率先证实一切植物体均由细胞组成。1839 年，德国动物学家 Schwann 指出动物体同样由细胞组成，并提出“细胞学说”，即细胞是组成动植物结构的基本单位。1902 年，德国植物学家 Haberlandt 在细胞学说的基础上，提出了“植物细胞全能性”的概念，指出高等植物的器官和组织经过不断分割后，仍具备在适当条件下重新发育为完整植株的能力。20 世纪 80 年代，植物细胞全能性被进一步解释为“具有植物全部遗传信息的每一个细胞都能在适当条件下分化出不同类型的细胞，在形成不同类型的器官或体细胞胚的基础上，形成完整的再生植株的能力”。至此，植物细胞全能性理论基本成熟。

（三）植物细胞全能性理论的证实及应用

1958 年，Steward 和 Reinert 通过培养胡萝卜根韧皮部的细胞获得了体细胞胚，并见证了其发育为完整植株的过程，初步验证了植物细胞全能性理论的科学性。为了进一步验证植物中的体细胞是否全部具有全能性，1970 年，Steward 利用悬浮法对胡萝卜的单个细胞进行培育并获得了可育植株，再次证实了植物细胞全能性是一种真实客观的性质。从此以后，植物细胞全能性理论逐渐成为植物组织培养的理论基础，多种植物均能通过细胞培养获得再生植株。需要注意的是，部分细胞在发育时可能会失去或增加一些遗传物质，造成全能性的丧失，如筛管分子在发育时其细胞核便已解体，因此不具备全能性。

植物细胞全能性理论不仅可以用于对植物生长与分化规律的研究，还能够解决许多生产中的实际问题。总的来说，以植物细胞全能性理论为主要理论支撑的生物技术发展得还是较为迅速的。植物细胞全能性理论在 20 世纪中后期的应用成果十分丰富，如表 2-1 所示。

表 2-1　植物细胞全能性理论在 20 世纪中后期的应用

年份	人物	科学成果
1960 年	Kanta	植物试管授精研究首获成功
1960 年	Morel	利用兰花的茎尖培养实现了脱毒和快速繁殖
1964 年	Guha 和 Maheshwari	通过花药培养出了曼陀罗单倍体植株
1970 年	Carlson	通过离体培养筛选得到烟草生化突变体
1970 年	Power	首次成功实现原生质体融合
1983 年	Zambryski	用根癌农杆菌介导法转化烟草，获得首例转基因植物

二、植物细胞的分化与脱分化

植物细胞的分化与脱分化直接关系着植物的生长与发育，是植物组织培养、细胞培养的重要基础。一株高等植物在由受精卵发育为完整植株的过程中，之所以会形成千差万别的形态，正是由于细胞分化的作用。在一定的条件下，已形成特定结构的植物组织的细胞会逐渐失去原有的分化状态，转化

为具有未分化特性的细胞，这是脱分化的结果。由此可见，分化与脱分化的本质区别在于基因表达，是基因选择性活化或阻遏的结果。

植物组织培养需要解决的两大技术问题为：①将已分化并形成组织和器官的细胞恢复至分化前的状态，即脱分化；②使已脱分化的细胞重新步入分化轨道，进一步发育为完整的再生植株，即再分化。在离体培养的条件下，植物细胞全能性正是通过细胞的脱分化与再分化进行表达的。

（一）细胞分化与脱分化及相关概念

1. 细胞分化

细胞分化是指同一来源的细胞逐渐形成形态结构不同、功能特征各异的细胞类群的过程，其本质是基因组在时间和空间上的选择性表达。一般情况下，细胞分化的过程是不可逆的，但在特殊的条件下，由于分化后的细胞不够稳定，因此其基因表达可能会发生可逆性变化，重新回到未分化时的状态，这个过程就叫作“脱分化”。

2. 脱分化

脱分化是指已分化的细胞在一定条件下，失去原有分化状态、恢复细胞分裂能力的过程，又称“去分化”。当已分化的植物器官、组织等受到创伤或接受离体培养时，已停止分裂的细胞可以恢复其分裂能力，失去原有的结构和功能，重新成为具有未分化特性的细胞。

3. 再分化

再分化是指在植物离体培养的过程中，脱分化的细胞或组织经过重新分化后，形成一类或几类细胞、组织或器官，继而形成完整植株的过程。

（二）分化与脱分化植物细胞的结构变化

一般情况下，已分化细胞中的细胞器会因为细胞的功能差异而产生较大差异。在细胞分化时，植物细胞都会有一个液泡化的过程。薄壁细胞分化程度低、质体变化大，具有同化、贮藏、分泌等功能。在分泌细胞和细胞壁的生长期，高尔基体和内质网不仅数量多，而且十分活跃。有些细胞的分化程度则相对较高，会出现不可逆分化（又叫“终极分化”），如植物细胞的程序性死亡。

在外植体脱分化形成愈伤组织的过程中，细胞质常常会发生超微结构的变化，经过培养后的细胞质快速增长，细胞核体积增大，细胞器数量增多，并逐渐在液泡中出现蛋白体，随着细胞核向细胞中央的转移，叶绿体开始变为造粉质体，最终当细胞核出现形状不规则的深裂瓣时，细胞的脱分化基本完成，并开始走向分裂。

（三）细胞分化与脱分化的影响因子

植物细胞的潜在遗传全能性会受到内外部各种因子的影响，细胞的分化、脱分化等过程都会被这些影响因子所控制。

1. 基因型

细胞分化是器官发生的基础，形态发生是细胞分化的必然结果。研究表明，细胞分化能否在人工诱导的条件下完成，主要取决于所用材料的基因障碍，这也是部分植物细胞或组织无法在离体条件下良好生长的原因。

2. 植物激素

植物激素种类繁多、功能各异，对细胞分化和形态建成具有十分重要的作用。其中，生长素和细胞分裂素是细胞分化和脱分化的关键物质，可用于诱导已分化的细胞脱分化。

1957 年，Skoog 和 Miller 根据生长素和细胞分裂素对形态发生和植株发育的调控作用，提出了“激素平衡”的假设，并据此进行大量实验，最终得出结论：改变生长素与细胞分裂素的比值，有利于提高植物细胞的全能性。时至今日，该观点仍被认为是植物形态发生的基础。

一般观点认为，生长素会对细胞壁的强度产生影响，同时能够促进细胞的伸长，而细胞分裂素则会加快细胞分裂并影响其分化方向，因此，两者的比例是影响细胞脱分化与分化的关键因素。生长素与细胞分裂素的比值高，有利于长根；比值中等，有利于愈伤组织的诱导生长；比值低，则有利于长芽。

3. 环境

光线和温度是影响植物细胞分化的重要环境因子，不同的离体植物细胞对光线和温度的要求也有所不同。研究表明，温度对高粱的花药培养会产生较大影响，而光线则对百合芽的作用更加明显。

（四）细胞分化与脱分化的调控机制

已形成特定结构与功能的植物组织在一系列调控机制的作用下，细胞原有的发育途径被改变，原有的分化状态逐渐丧失，开始重新进入细胞分裂的状态。激素对细胞分化与脱分化的作用，实际上是对细胞进入或离开细胞分裂周期的调控。诱导细胞启动是脱分化的开端，进入细胞分裂是脱分化的结束。

植物激素是离体培养的必需条件，与植物激素有关的基因是细胞脱分化

的关键。严格来说，植物激素本身并不能直接作用于DNA，而需要受体蛋白和其他信号的共同参与。植物细胞感受生长素的信号需要通过受体生长素的活化来完成，而被激活的受体又有可能引起某些特定的反应，如离子的吸收或释放、特定蛋白的磷酸化或去磷酸化等，最终形成诱导生长素的基因表达。

第二节　植物离体培养下的形态发生

在植物离体培养的过程中，来自不同器官、不同组织的细胞经过脱分化后，一般会先形成愈伤组织或分生细胞团，而后再分化形成不同的器官或体细胞胚，最终形成完整的再生植株。因此可以认为，愈伤组织是植物离体培养形态发生过程中的重要组织形式。

一、植物愈伤组织培养

愈伤组织是悬浮培养和原生质体培养的主要细胞来源，愈伤组织培养是一种最常见的植物组织培养形式。在离体培养的条件下，植物一般都要先经过愈伤组织阶段，才能进入再生植株形成阶段。

（一）愈伤组织及分类

1. 愈伤组织

愈伤组织是指植物体受到创伤刺激后，在伤口表面形成的细胞团，由薄壁细胞组成。更具体来说，植物组织培养中的愈伤组织是指植物器官、组织、细胞等在离体培养条件下产生的不定形、排列疏松的薄壁细胞团。一般情况下，在合适的离体培养条件下，高等植物的器官和组织都会形成愈伤组织。

2. 愈伤组织类型及特征

不同植物的细胞或同一植物不同器官的细胞经过脱分化后所形成的愈伤组织，在颜色、结构等方面均有可能存在差异。按照愈伤组织的结构特点，可将其分为松散型和致密型两种类型。

（1）松散型

松散型愈伤组织的结构整体较为疏松，细胞间隙大，细胞排列毫无章法，一般呈白色、半透明状。此类愈伤组织适用于悬浮培养，经过轻微的机械振荡后，原组织便会分散为单细胞或小的细胞团。

（2）致密型

致密型愈伤组织的结构整体较为紧密，细胞间隙小，表面光滑、有光泽，一般呈淡黄色或白色。此类愈伤组织容易转化为胚性愈伤组织，再分化形成不同的器官或体细胞胚。

（二）愈伤组织形成过程

经过离体培养的植物细胞在脱分化过程中，往往会形成愈伤组织，这一过程一般包括诱导期、分裂期、形成期、分化期 4 个阶段。

1. 诱导期

诱导期又称“启动期”，是指细胞准备分裂的阶段，是愈伤组织形成的起点。在这一时期，受一些刺激因素和外源激素的影响，外植体细胞内部会发生相应的生理生化变化，其代谢活动能够迅速合成大量的核酸与蛋白质。由于植物种类、外植体生理状况等有所不同，因此诱导期的长短也并不一致，如菊芋的诱导期只需一天，胡萝卜则需好几天。

2. 分裂期

分裂期是指细胞经过分裂后不断产生子细胞的阶段。在这一时期，外植体的外层细胞会迅速分裂，逐渐恢复至分生组织的状态，细胞开始进行脱分化。分裂期的愈伤组织细胞分裂速度快，结构疏松且缺乏组织性，颜色浅而透明。

3. 形成期

形成期是指外植体的细胞经过诱导、分裂后，形成无序结构的愈伤组织的阶段。在这一时期，愈伤组织内的细胞偏大且无规则形状，呈高度液泡化，无次生细胞壁和胞间连丝，整体组织较为松散。此时，诱导条件的改变极有可能引发愈伤组织形态与物理性质的改变，如加入高浓度的生长素，会使致密型愈伤组织变得松散，而降低生长素浓度或加入高浓度的细胞分裂素，则会使松散型愈伤组织变得致密。

4. 分化期

分化期是指当停止分裂的细胞发生生理代谢变化时，具有不同形态和不同功能的细胞开始形成愈伤组织的阶段。在这一时期，愈伤组织细胞会发生一系列形态上、生理上的代谢变化，造成细胞在形态上、生理功能上的分化，从而产生形态和功能各异的细胞。

二、植物离体培养形态发生途径

植物离体培养形态发生途径主要包括器官发生和体细胞胚胎发生两种类型。无论哪种类型都包含直接发生、间接发生两种方式，具体选择哪种方式，主要由植物种类、外植体类型、培养条件等因素决定。即使在同一个外植体上，也有可能出现器官发生与体细胞胚胎发生同时存在的情况。

（一）器官发生途径

1. 发生方式

植物离体器官发生是指在合适的组织培养条件下，离体的植物器官、组织或细胞逐渐形成芽、根、叶、花及多种变态器官（如球茎、块茎等）的过程。植物离体器官发生途径主要包括两种，即直接发生方式和间接发生方式。

（1）直接发生方式

直接发生方式是指外植体经过脱分化后，直接形成由单个细胞或一小团分化细胞分裂而成的分生细胞团，并在器官纵轴方向呈现单向性，而后分化形成不同的器官原基，产生不定根、不定芽等器官。

（2）间接发生方式

间接发生方式是指外植体经过脱分化后，先形成愈伤组织，再分化形成不同的器官。

2. 植株再生方式

离体器官发生是植物再生完整植株的主要方式，是对植物进行遗传改良的前提和基础，在植物大量无性繁殖方面具有重要的应用价值。通过器官发生途径再生完整植株的方式主要有 3 种：①先产生芽，在芽的基部长出根而形成小植株；②先产生根，在根的基部分化出芽并形成小植株；③在愈伤组织的不同部位分别产生芽和根，而后通过维管组织将两者结合起来，形成小植株。

一般情况下，如果在离体培养中先形成的是芽，那么其基部就容易形成根；而如果先形成的是根，那么芽的形成则容易受到抑制。无论哪种情况，所形成的芽和根都叫作不定芽、不定根。此外，在组织培养过程中常常会出现一些异常结构，如“玻璃化苗”（叶和嫩梢呈水晶透明状或半透明水渍状，叶片皱缩且纵向卷曲，脆弱易碎）等，这种异常现象往往是由植物生长调节物质水平过高或比例不协调引起的。

（二）体细胞胚胎发生途径

1. 发生方式

植物体细胞胚胎的发生是指离体培养的植物器官、组织、细胞通过一个与合子胚发生相似的途径后，发育为一个类似胚的结构的过程。这个类似胚的结构被称作“体细胞胚”或“胚状体”。成熟的胚状体能够像合子胚一样，长出根和芽，继而形成完整的再生植株。

植物体细胞胚胎发生途径包括直接途径和间接途径。直接途径是指外植体内某些部位的胚性细胞直接诱导分化出体细胞胚的再生方式；间接途径是指外植体先脱分化形成胚性愈伤组织，再分化出体细胞胚的再生方式。胚性细胞大多与分生细胞相似，具有较大的细胞核和核仁，能够高度染色，细胞质浓厚，呈较小的近圆形。

2. 体细胞胚胎发生过程

不同类型的植物所经历的体细胞胚胎发生阶段也是不同的，如双子叶植物的体细胞胚胎需要经过原胚、球形胚、心形胚、鱼雷形胚、子叶形胚等阶段；而单子叶植物则需要经过原胚、球形胚、盾形胚、子叶形胚等阶段。

3. 体细胞胚胎发生的极性与生理隔离

植物体细胞胚胎发生具有两个明显的特点：一是体细胞胚胎的双极性；二是生理隔离现象。

（1）体细胞胚胎发生的双极性

胚性细胞与合子胚类似，具有明显的极性，首次分裂为不均等分裂，顶细胞继续分裂后形成多细胞原胚，基细胞经过几次分裂后形成胚柄。建立细胞极性有助于细胞分化和体细胞胚胎发生。

（2）体细胞胚胎发生的生理隔离

体细胞胚的维管组织呈独立的“Y”形，与母体组织和外植体的维管束系统并无解剖结构上的联系，存在生理隔离。由于体细胞胚与愈伤组织的维管系统之间缺少连接，因此常从培养物的表面脱落下来。对多种植物进行观察后发现，胞间连丝存在于早期的胚胎细胞与周围细胞之间，随着胚性细胞的发育，细胞壁变厚，胞间连丝逐渐消失或遭到堵塞。胚性细胞开始分裂，原胚从二细胞到多细胞均被厚壁包围，与周围细胞产生明显界限。

需要注意的是，生理隔离是一个相对的概念，并不意味着要与周围组织完全隔离。在体细胞胚诱导的过程中，胚性细胞仍需从周围细胞中获取一定的物质与能量。

三、体细胞胚胎发生过程中的生理生化变化

体细胞胚的形成和发育依赖于营养物质的供应和相关激素的诱导。在体细胞胚胎发生的重要转折期，淀粉和多糖会形成积累高峰，为新的发育阶段提供充足的能量。蛋白质、核酸等生物大分子是体细胞胚胎发生的分子基础，各种酶的活性变化对生化物质的代谢具有调节作用，内源激素的不同水平也会影响诱导体细胞胚的发生和发育。

（一）内源激素

1. 生长素

生长素主要用于细胞分裂的启动和胚性潜力的诱导，有利于体细胞胚的早期发育。多数植物细胞只有在含有2，4－D的培养基上才能诱导胚性细胞的发生，在这一过程中，生长素含量的变化十分明显。胚性愈伤组织中的吲哚乙酸（IAA）含量明显高于非胚性愈伤组织，在从胚性愈伤组织发育到早期子叶形胚的过程中，内源IAA的含量始终保持在较高水平，并出现过两次最高峰，整体变化趋势呈“M”形。

2. 细胞分裂素

高水平的细胞分裂素对细胞的分裂和生长具有重要作用，但实际上，细胞分裂素并不参与胚的发生过程。对不同物种而言，细胞分裂素所发挥的体细胞胚诱导效应及内源细胞分裂素的含量变化均有所差异。

3. 赤霉素

胚性愈伤组织中的内源赤霉素（GA）水平明显低于非胚性愈伤组织，在体细胞胚胎发生过程中，GA_3的含量呈下降趋势，在子叶形胚达到最低。向培养基中加入GA_3合成抑制剂，能够在一定程度上增加柑橘体细胞胚的形成数量，因此可以认为，赤霉素对体细胞胚的发生具有一定的抑制作用。

4. 脱落酸

在体细胞胚胎发生过程中，脱落酸（ABA）的含量整体呈上升趋势，但与GA_3和IAA相比水平则要低得多。脱落酸在胚性愈伤组织和球形胚时期分别出现明显峰值，且始终维持在较高水平。脱落酸能够抑制体细胞胚早期的萌发，防止畸形胚的产生，对胚胎后期发育的影响尤为明显。

5. 乙烯

由于组织培养是在密闭或半密闭的容器中进行的，因此，容器中累积的乙烯会对培养物的生长分化产生明显影响。研究发现，乙烯对胡萝卜愈伤组织的体细胞胚胎发生具有抑制作用，而乙烯合成抑制剂 Co^{2+}、Ni^{2+} 则对体细胞胚胎的发生具有促进作用。

（二）氨基酸、蛋白质与核酸

细胞的生长、分化、发育均依赖于生物大分子的合成及相互作用，其中，氨基酸、蛋白质和核酸是相对重要的 3 种生物大分子，构成了体细胞胚胎发生的分子基础。

1. 氨基酸

氨基酸对体细胞胚胎的发生具有十分重要的作用。胚性愈伤组织中游离氨基酸的含量明显低于非胚性愈伤组织，至球形胚时期含量变化不大，到了子叶形胚时期，含量开始回升。在愈伤组织至胚性愈伤组织阶段，游离氨基酸的含量逐渐降低，蛋白质氨基酸和总氨基酸的含量开始增加，这是因为这一阶段的细胞分化需要合成大量蛋白质。

一般情况下，只有少数几种氨基酸的含量会发生明显变化，且这些氨基酸多为体细胞胚胎发生的关键氨基酸。外源精氨酸（Arg）作为多胺合成前体，能够启动细胞分裂，促进愈伤组织体细胞胚的发生。研究表明，水稻悬浮培养初期细胞内含有大量 Arg，有助于细胞分裂和分化能力的提升。

2. 蛋白质

在植物形态发生的过程中，由一种状态转向另一种状态需要蛋白质的大量合成，为愈伤组织的形成和器官形态的建立提供物质基础。在体细胞胚胎发生过程中，蛋白质在胚性愈伤组织中的含量明显高于非胚性愈伤组织，到球形胚时期达到顶峰，进入成熟胚阶段后开始有所下降。胚性愈伤组织细胞内蛋白质含量的提高意味着胚性愈伤组织代谢旺盛，可将从培养基中获取的有机成分、无机成分及时转化为能量与细胞物质，并大量积累用于细胞分化的蛋白质。

3. 核酸

胚性细胞不仅核大、核仁明显，而且具有多核仁、核仁液泡，变化十分活跃。对小麦体细胞胚胎发生的超微结构进行研究可知，早期的胚性细胞一般包含两个以上的核仁，且细胞内核糖体含量丰富，多以多聚核糖体的形式存在，表明在早期的胚性细胞中就有大量 RNA 和蛋白质合成。

以小麦为例，在小麦体细胞胚胎的发生过程中，最早出现合成峰值的是 RNA，其次是蛋白质，DNA 的合成动态则更接近于愈伤组织生长曲线，即在胚性愈伤组织生长速度最快时，DNA 达到顶峰。由此可见，RNA 和蛋白

质是胚性细胞形成的基础，DNA 则是细胞分裂增殖的基础。

(三) 多胺

多胺是生物体内的一种活性物质，具有多聚阳离子的性质，能够与核酸相互作用，并参与 DNA、RNA 和蛋白质合成的调节。此外，多胺还与细胞分裂有关，细胞分裂最活跃的地方也是多胺生物合成最活跃的地方，腐胺、精胺、亚精胺常见于植物细胞中。多胺作为一种新的植物激素，具有促进细胞生长、分化、增殖、延缓衰老等作用。

(四) 糖类、离子与次生代谢物

1. 糖类

糖类不仅能为植物体细胞胚胎的发生提供碳源，还能起到维持渗透压及“信号分子”的作用。作为植物细胞内的重要生物大分子，淀粉经过淀粉酶的水解成为葡萄糖，并参与细胞内的各种生理、生化反应，以直接或间接的方式影响着体细胞胚胎的发生。

一般情况下，在非胚性愈伤组织到胚性愈伤组织这一阶段，可溶性糖和淀粉的含量都会有所升高。体细胞胚胎发生部位的胚性细胞排列紧密且体积较小，积累了大量体积较大的淀粉粒，分布在细胞核的周围。随着胚性细胞的分化发育，淀粉粒的数量减少、体质变小，等到形成原胚时，淀粉已消耗殆尽。

2. 离子

Co^{2+}、Ag^{+}、Ni^{2+}等金属离子是乙烯合成的抑制剂，加入Co^{2+}能够降低乙烯的释放量。在落叶松体细胞胚胎发生过程中，Co^{2+}、Zn^{2+}、Cu^{2+}、Mn^{2+}等重金属离子发挥着十分重要的促进作用。在落叶松的胚性愈伤组织中，Co^{2+}的含量约为非胚性愈伤组织的 12 倍。

3. 次生代谢物

在棉花体细胞胚胎的发生过程中，胚性愈伤组织中的次生代谢物质（如叶绿素、类黄酮、花色素苷等）的含量普遍低于非胚性愈伤组织。由此可见，非胚性愈伤组织的次生代谢比较旺盛，会对主代谢的速度和强度产生影响，继而阻碍细胞分化。可以认为，造成非胚性愈伤组织无法分化的其中一个因素，正是主代谢与次生代谢的失调。

(五) 活性氧

活性氧对生理代谢具有显著的调控作用。研究表明，氧化胁迫与细胞分化有关，胡萝卜愈伤组织在分化或体细胞胚形成阶段，过氧化物酶（POD）

的活性明显增大，当体细胞胚形成后，POD 的活性开始急剧下降。

四、植物离体培养形态发生调控机制

（一）激素对器官发生的调控

1. 外源生长调节物质对内源激素水平的影响

在离体培养的过程中，外植体的内源激素水平不断发生变化，生长素类物质的“极性运输”造成其体内分布特异性的改变，这种改变与愈伤组织的形成和器官发生有着密切的联系。

在无生长调节物质的基本培养基上对猕猴桃叶柄进行培养后发现，叶柄中内源细胞分裂素的物质水平不断下降，生长素水平则呈上升趋势，且细胞分裂素水平由叶柄顶部向基部递减，生长素水平两端高、中间低。根据实验结果可以推测，细胞分裂素的递减可能与外植体离体后的细胞分裂素类物质的氧化代谢有关，生长素的分布特点可能与外植体受伤物质的释放有关。两者共同证明：叶柄基部易产生愈伤组织，叶柄顶部易产生不定芽。

2. 内源激素对细胞脱分化和再分化的调控

细胞在经过脱分化后形成拟分生组织的过程中，需要一定的高水平内源细胞分裂素和生长素作为激发和诱导的动力，且高水平的细胞分裂素有助于维持分生组织的发育，高水平的生长素则能够诱导愈伤组织的产生，保持愈伤组织的继代增殖。

3. 生长素和细胞分裂素基因与器官发生的关系

与生长素和细胞分裂素合成有关的基因最初是在对农杆菌侵染植物及其 T－DNA 的研究中发现的。农杆菌的 T－DNA 中含有两个与生长素合成有关酶的编码基因 *iaaM* 和 *iaaH*，分别编码色氨酸单加氧酶和吲哚乙酰胺水解酶，以及一个与细胞分裂素合成有关酶的编码基因 *ipt*，编码异戊烯基转移酶。

将 *iaaM*、*iaaH*、*ipt* 分别导入烟草和马铃薯外植体中，其内激素平衡和形态发生会出现明显变化。导入 *iaaM* 和 *iaaH* 的转化组织内源生长素的含量，以及导入 *ipt* 的外植体的内源细胞分裂素的含量均会大大增加。

（二）与器官发生有关的基因

愈伤组织的形成与器官发生是组织化的细胞脱分化和再分化的过程，要想诱导细胞脱分化形成愈伤组织，就要重新启动细胞的分裂活动，在这个过程中，一些相关基因的表达水平会发生明显变化，具体如表 2–2 所示。

表 2–2　植物器官发生的关键基因

基因	愈伤组织形成过程中的功能	器官发生过程中的功能
ALF4	突变体中不形成愈伤组织	无描述
ARR5	愈伤组织形成后期上调表达	在发育中的茎尖分生组织表达，但在器官原基中不表达
CLV3	在愈伤组织诱导培养基中的培养表达水平轻微提高	在发育中的茎尖分生组织中上调表达
cuc	上调表达	*cuc2* 在茎尖分生组织中和器官原基中上调表达，*cuc1/cuc2* 异位过量表达提高芽诱导培养基中芽的诱导率
ESR	在愈伤组织诱导培养基中培养诱导 *ESR1* 表达	在转到芽诱导培养基上后，*ESR1* 瞬时表达水平提高，2 天后降低；*ESR1* 或 *ESR2* 过量表达提高了含有细胞分离素培养基中的芽再生率
LBD	过量表达可以使无激素培养基形成愈伤组织，突变则抑制了愈伤组织的形成	无描述
PIN1	在愈伤组织形成早期上调表达，之后表达水平下降	在茎尖分生组织和器官原基中上调表达，*PIN1 ~4* 突变体的芽再生率只有野生型的 20%
PLT1	上调表达	下调表达
SCR	上调表达	无描述
SHR	上调表达	无描述
STM	愈伤组织诱导培养基上很少表达	在茎尖分生组织中上调表达；*STM – 1* 突变体的芽再生率只有野生型的 15%
RCH1	上调表达	下调表达
WOX5	上调表达	无描述
WOX11/ WOX12	上调表达	不定根形成过程中上调表达

第三节　植物离体培养形态发生的影响因素

植物离体培养形态的发生受多种因素的影响，其中最主要的影响因素包括植物种类和生理状态、培养基和培养条件等。

一、植物种类和生理状态

（一）植物种类和基因型

据不完全统计，仅在被子植物中便已有近40科、100多种植物的体细胞胚是通过组织培养产生的。不同植物的体细胞胚诱导难易程度也是不同的，即使是同一属的植物，也有可能因基因型的不同而出现体细胞胚胎发生频率的差异。一般情况下，单子叶植物的诱导率会低于双子叶植物，而针对个别通过杂交获得的植物，如果其亲本体细胞胚的诱导率较高，那么该植物的诱导率也会相应偏高，如玉米花药等。

（二）培养材料的生理状态

1. 植株的发育阶段

植物个体的发育一般会经历幼年期、成熟期、衰老期3个阶段。生理代谢旺盛而分化程度较低的组织普遍有利于体细胞胚的诱导。与衰老期的组织相比，幼年期的组织具有较强的形态发生能力。

在以无菌苗的根为外植体所建立的宁夏枸杞的间接体细胞胚胎发生体系中，由于不同苗龄、不同部位的根存在生理状态上的差异，因此，其胚性愈伤组织诱导率和体细胞胚胎发生能力也有所区别，一般3～4周的根外植体诱导形成的胚性愈伤组织的体细胞胚胎发生能力是最强的。

2. 培养器官或组织类型

细胞全能性理论认为，植物体内任何部位的细胞、组织和器官都能在人工培养的条件下，形成体细胞胚。受生理状态、内源激素水平等因素的影响，不同组织、器官的体细胞胚诱导难易程度也有所不同。以玉米为例，虽然玉米的幼胚、胚乳、胚轴、幼苗芽尖、幼叶、叶鞘、节间芽组织、雄幼穗、雌幼穗、成熟胚、胚叶等均可诱导产生体细胞胚，但雌幼穗的诱导能力明显强于雄幼穗，幼胚的诱导率又明显高于其他组织。

3. 培养时间

如果愈伤组织培养时间过长，或继代次数过多，就有可能导致形态发生

能力的减弱，因此，人们通常会选择生长旺盛的愈伤组织来诱导体细胞胚的形成。但针对个别特殊的植物，其愈伤组织必须经过多次继代培养，才能诱导产生体细胞胚，如咖啡叶等。

二、培养基

（一）营养物质

1. 氮源

基本培养基的成分及状态对体细胞胚的发生十分重要。常用于植物体细胞胚诱导培养的基本培养基有 White、MS、SH 等，其中最为常用的是 MS 培养基。MS 培养基的无机盐浓度约为 White 培养基的 10 倍，其中浓度较高的硝酸铵对体细胞胚的发生具有良好的诱导效果。培养基中的氮素同样有助于体细胞胚胎的发生，具有还原性的铵态氮（NH_4^+）对体细胞胚的诱导来说也是不可或缺的。除了 NH_4^+ 的形式外，椰汁、水解酪蛋白、酵母提取液、谷氨酸、丙氨酸等还原型氨基酸均可用作还原氮源。

2. 碳水化合物

作为一种能源兼渗透调节物质，碳水化合物的种类和浓度均会对体细胞胚的生长发育产生影响。蔗糖是体细胞胚胎发生的最有效还原碳源，在某些情况下，其他糖类的培养效果会优于蔗糖，如高浓度的葡萄糖有利于胡萝卜的体细胞胚发育，乳糖和半乳糖有利于柑橘珠心体细胞胚胎的发生。

3. 活性炭

在培养基中添加活性炭有助于提高体细胞胚胎发生率。活性炭对体细胞胚发生的诱导作用是通过吸收培养基中其他组织用于抑制体细胞胚胎发生的物质来进行的。浓度适中的活性炭可使失去体细胞胚胎发生能力的胡萝卜悬浮培养细胞恢复活性。

4. 金属离子

在未添加激素的 MS 培养基中分别加入 $CoCl_2$、$NiCl_2$、$CuCl_2$、$ZnCl_2$、$CdCl_2$，均有助于胡萝卜体细胞胚的形成。Mn^{2+}、Zn^{2+}、Cu^{2+} 等金属离子对小麦的体细胞胚胎发生具有促进作用，Ag^+、Co^{2+}、Ni^{2+} 等金属离子则会抑制乙烯的合成，进而提高体细胞胚的发生率。

（二）植物生长调节剂

1. 生长素

在多数情况下，体细胞胚的诱导是离不开生长素的，但曼陀罗的花药、茴香的子房、欧芹的愈伤组织等，则可以在无激素的培养基中诱导出体细胞胚。2，4－D是诱导植物体细胞胚胎发生过程中应用最广泛的一种生长素，这种生长素既有助于胚性愈伤组织的产生，又会对体细胞胚的继续发育产生抑制作用，因此，在诱导出早期体细胞胚后，要及时将体细胞胚转移至2，4－D已被清除或浓度极低的培养基上，这样才能保证体细胞胚的进一步成熟。

2. 细胞分裂素

对多数植物而言，仅靠生长素是无法诱导出体细胞胚的，细胞分裂素与生长素的合理配比才是关系到体细胞胚胎发生的关键因素。细胞分裂素对不同植物体细胞胚所起到的诱导作用是完全不同的，如芹菜体细胞胚的发生只需低浓度的细胞分裂素，而咖啡、花生等愈伤组织则要在细胞分裂素与生长素的高配比下，才能诱导体细胞胚的发生。不同的细胞分裂素，如6－BA、2ip、KT、TDZ等，对不同植物的诱导效果也有明显差异。

3. 赤霉素

使用赤霉素对体细胞胚胎进行诱导不是必需的，但赤霉素对体细胞胚的发育成熟，以及根和小植株的生长所起到的作用也是不可否认的。在培育花菱草时适当使用赤霉素，有助于解除植物体细胞胚的休眠状态。

4. 脱落酸

在培养基中加入浓度适中的脱落酸，不仅能够促进体细胞胚的发生，还可以防止畸形胚的形成，抑制体细胞胚的过早萌发，有助于胚中储藏成分（如储藏蛋白、胚胎发生晚期丰富蛋白、胚胎发生特异蛋白等）的合成。

5. 乙烯

在组织培养的过程中，培养瓶内的乙烯会对体细胞胚的发生产生明显效果。例如，乙烯会对胡萝卜愈伤组织体细胞胚产生抑制作用，而乙烯所形成的酶抑制剂则会促进体细胞胚的发生。

（三）物理性质

培养基的物理性质，如固态、液态、渗透压等，对体细胞胚的发生和发育均有明显影响。在对胡萝卜进行研究时发现，新分离的组织需要在固体培养基的诱导下形成愈伤组织，体细胞胚的增殖则需要在液体培养基中进行。

在棉花组织培养中常用的凝固剂主要有琼脂、Gelrite和Phytagel，其中，Phytagel在改善陆地棉体细胞的褐化、提高胚性愈伤组织增殖速度等方面的效果是最好的。

三、培养条件

（一）温度

大多数植物体细胞胚胎的发生都需要在24～26 ℃的温度下进行，但也有一些植物需要经过低温处理。在研究平贝母体细胞胚的诱导和植株再生时发现，未经过冷处理（在0～5 ℃的冰箱中处理60天）的体细胞胚不会发育为针状苗。而宁夏枸杞胚性愈伤组织在经过为期2周的4 ℃低温处理后，其体细胞胚的发生率会有显著提高。

（二）光

一般情况下，植物体细胞胚对光的变化并不敏感，但也有一些植物容易受到光的影响，如在花生体细胞胚诱导中，光照就会明显抑制体细胞胚胎的发生，而黑暗条件下大豆的胚胎发生率也会明显低于被强光照射时的。在胡萝卜培养中，强的白光和蓝光会抑制体细胞胚的发生，低强度蓝光下的体细胞胚诱导率又会高于黑暗条件下，此外，红光对心形胚的发育具有一定的促进作用。

对植物体细胞胚胎的发生起到诱导作用的因素有很多，但不同因素所产生的效果却不尽相同。研究表明，植物激素是诱导体细胞胚胎发生的决定性因子，光、温度、金属离子、活性氧等也会对体细胞胚胎的发生产生一定影响。因此可以认为，植物体细胞胚胎的发生受细胞内外多种因子的共同调控，各种因子的互相配合将有助于快速、高效地诱导出体细胞胚。

第三章　植物组织培养基本技术

植物组织培养工作一般包括拟定培养方案、外植体选择与消毒、初代培养、继代培养、生根壮苗培养、室外炼苗移栽等步骤，要完成这些步骤，必须要熟练掌握植物组织培养的操作技术。本章主要着眼于植物组织培养的基本操作技术，对培养基的成分与配制技术、植物组织培养设备与无菌操作技术、继代培养与试管苗驯化移栽技术、植物组织培养条件及调控技术、外植物体种类及其接种技术进行研究与探索。

第一节　培养基的成分与配制技术

培养基是人工配制的营养基质，能够促进植物组织培养中离体材料的生存和发展，与植物组织培养的成功与否密切相关。在植物组织培养中，不同植物对营养有着不同的要求，同种植物的不同部位组织和不同的培养阶段，对营养的要求也有所不同。所以，了解培养基的成分和类型，对培养基进行筛选和配制，是植物组织培养中至关重要的一环。

一、培养基的成分

培养基主要包括固体培养基和液体培养基两种。其中，固体培养基的成分主要有水分、无机营养成分、有机营养成分、植物生长调节物质、凝固剂等；液体培养基除了没有凝固剂外，其他成分和固体培养基没有区别。下面对培养基的主要成分进行具体分析。

（一）水分

在培养基的组成成分中，水分占据着不可或缺的重要地位。水分是植物组织培养中培养物进行生命活动必不可少的成分，同时也是植物组织培养中各种营养物质溶解和代谢的重要介质。

培养基母液配制的水分来源是蒸馏水或纯净水。蒸馏水或纯净水能够使培养基母液及培养基成分更为精确，也能够使培养基更容易储存，避免发霉变质。

由于使用蒸馏水或纯净水配制培养基母液的成本较高，因而人们在生产实践中常常用自来水代替蒸馏水或纯净水，而只在研究培养基配方时使用蒸馏水或纯净水，以保证结论的准确性。需要注意的是，自来水中含有大量的钙、镁、氯等离子，所以在用自来水代替蒸馏水或纯净水时，要考虑到自来水的硬度和酸碱度，可以将自来水煮沸，冷却沉淀后使用。

（二）无机营养成分

培养基中的无机营养成分根据植物生长需求量可分为两大类：一类是大量元素；另一类是微量元素。

1. 大量元素

大量元素主要包括氮、磷、钾、钙、镁、硫等。

氮在培养基中被利用的形式主要有两种：一种是硝态氮，另一种是铵态氮。两者混合使用能够有效调节培养基离子平衡，促进细胞生长发育。培养基中常用的含氮化合物主要有硝酸钾、硝酸铵、硝酸钙，当这些硝酸盐作为培养基中唯一的氮源时，其效果比铵盐作为培养基中唯一的氮源时要好，但硝酸盐使用时间过长会毒害培养物，所以要在硝酸盐中加入适量的铵盐，防止其对培养物产生毒害作用。

磷在培养基中被利用的形式主要是磷酸盐，磷酸二氢钾和磷酸二氢钠是培养基中常用的磷酸盐。

钾在培养基中的含量较高，其对碳水化合物的合成、转移和氮素代谢等有一定的作用。氯化钾、硝酸钾是培养基中常用的含钾化合物。

钙、镁、硫也是培养基中必不可少的大量元素，其被利用的形式主要有钙盐和硫酸镁，在配制培养基时的用量以 1～3 mmol/L 为最佳。

2. 微量元素

微量元素主要包括铁、硼、锰、锌、铜、钴等，这些元素在配制培养基时的用量以 10^{-7}～10^{-5} mmol/L 为宜，用量过多会对植物产生毒害作用。

在微量元素中，盐铁是配制培养基时使用较多的微量元素，其能够有效促进叶绿素的合成，延长植物生长。由于铁元素难以被植物直接吸收，产生其应有的作用，因此，配制培养基时通常以硫酸亚铁和乙二胺四乙酸二钠盐的形式添加。

（三）有机营养成分

植物组织培养中幼小培养物的光合作用能力较弱，仅通过培养基提供的无机营养成分很难维持正常生长、发育和分化，所以要在培养基中加入必需的有机营养成分，如糖类、维生素、氨基酸等，具体如表3–1所示。

表3–1 培养基中的有机营养成分

有机营养成分	利用形式	作用
糖类	蔗糖、葡萄糖、果糖、麦芽糖等	①为植物生命活动提供碳源和能源； ②调节培养基渗透压
维生素	盐酸硫胺素、烟酸、盐酸吡哆醇、抗坏血酸等	直接参与生物催化剂的形成和蛋白质、脂肪的代谢活动，促进植物细胞的生长发育
氨基酸	甘氨酸、精氨酸、谷氨酸、谷氨酰胺、丝氨酸、酪氨酸、天冬酰胺、水解乳蛋白、水解酪蛋白等	①为培养物提供有机氮源； ②调节培养物体内平衡； ③促进外植体生长和不定芽、不定胚分化

（四）植物生长调节物质

植物生长调节物质是培养基中的关键性物质，虽用量微小，但作用极大，对植物组织培养起着决定性作用。植物生长调节物质主要包括生长素类、细胞分裂素类、赤霉素、脱落酸等，不同的植物生长调节物质在植物组织培养中的作用也不尽相同。

生长素对细胞分裂和生长、愈伤组织的产生、某些植物不定胚的形成等具有促进作用，配合细胞分裂素使用，还能够促进不定芽的分化及侧芽的萌发与生长。常用的生长素有吲哚乙酸、萘乙酸、吲哚丁酸等。

细胞分裂素不仅对细胞分裂的扩大、胚状体和不定芽的形成、蛋白质的合成具有促进作用，还能够在一定程度上延缓植物组织衰老。

赤霉素的种类有很多，培养基配制所用的赤霉素主要是GA_3。其主要作用有两个：一是促进植物细胞生长；二是打破休眠状态。

脱落酸能够有效抑制植物细胞生长，刺激休眠，在培养基中添加适量的外源脱落酸不仅能够提高植物体细胞胚的数量和质量，还能够抑制异常体细胞胚的发生。

（五）凝固剂

凝固剂主要用于固体培养基的配制，在液态培养基中添加适量凝固剂，能够使其凝固为固态培养基。常见的凝固剂主要有琼脂、吉兰糖胶、海藻胶、果胶等，其中，琼脂在当前的植物组织培养中应用较为广泛。琼脂浓度

和培养基 pH 对培养基凝固程度的影响如表 3-2 所示。

表 3-2　琼脂浓度和培养基 pH 对培养基凝固程度的影响

pH	琼脂浓度/(g/L)					
	2.5	**3.0**	**3.5**	**4.0**	**6.0**	**8.0**
2.0	0 级	0 级	0 级	0 级	0 级	0 级
4.0	0 级	1 级	2 级	2 级	2 级	3 级
5.0	1 级	2 级	3 级	3 级	4 级	4 级
5.8	1 级	2 级	3 级	3 级	4 级	4 级
6.2	1 级	2 级	3 级	3 级	4 级	4 级
8.0	2 级	2 级	3 级	4 级	4 级	4 级

二、培养基的类型

根据不同的分类标准，培养基可划分为不同的类型。例如，根据培养基成分的不同，培养基可分为基本培养基和完全培养基；根据培养基态相的不同，培养基可分为固态培养基、液态培养基，以及固液混合培养基；根据培养基盐分含量的不同，培养基可分为高盐培养基、高硝酸盐培养基、中等无机盐培养基、低无机盐培养基；根据培养基用途的不同，培养基可分为诱导培养基、继代培养基、分化培养基、生根培养基；根据培养植物种类的不同，培养基可分为茄科培养基、禾本科培养基、兰科培养基、松科培养基、蔷薇科培养基、葡萄科培养基、十字花科培养基等。下面对根据培养基成分的不同进行的分类进行简要分析。

（一）基本培养基

基本培养基指的是含有大量元素、微量元素、维生素、氨基酸、糖类、水等基本成分的培养基，如 MS、B5、N6、White、改良 MS 等。其中，MS、B5、N6 这些经典培养基的配方如表 3-3 所示，White 培养基的配方如表 3-4 所示。

（二）完全培养基

完全培养基是以基本培养基为基础，附加一些物质获得的培养基。常见的完全培养基主要有 3 种：一是各种植物生长调节物质；二是复杂有机附加物；三是天然提取物。

表 3-3　一些经典培养基的配方

成分			含量/(mg/L)		
			MS	B5	N6
无机营养成分	大量元素	硝酸铵	1650	—	—
		硝酸钾	1900	2500	2830
		硫酸铵	—	134	463
		二水氯化钙	440	150	166
		七水硫酸镁	370	250	185
		磷酸二氢钾	170	—	400
		二水磷酸二氢钠	—	150	—
	微量元素	七水硫酸亚铁	27.8	27.8	27.8
		乙二胺四乙酸二钠	37.3	37.3	37.3
		四水硫酸锰	22.3	10.0	4.4
		七水硫酸锌	8.6	2.0	1.5
		五水硫酸铜	0.025	0.025	—
		二水钼酸钠	0.25	0.25	—
		六水氯化钴	0.025	0.025	—
		碘化钾	0.83	0.75	0.80
		硼酸	6.2	3.0	1.6
有机营养成分	维生素	烟酸	0.5	1.0	0.5
		盐酸硫胺素	0.1	10.0	1.0
		盐酸吡哆醇	0.5	1.0	0.5
	甘氨酸		2	—	2
	肌醇		100	100	—

表 3-4　White 培养基的配方

成分	含量/(mg/L)
硝酸钾	80
氯化钾	65

续表

成分	含量/(mg/L)
四水硝酸钙	300
七水硫酸镁	720
硫酸钠	200
碘化钾	0.75
硼酸	1.5
磷酸二氢钠	3
七水硫酸锌	2.5
硫酸铁	7
四水硫酸锰	0.1
盐酸硫胺素	3
甘氨酸	0.1
烟酸	0.5

三、培养基的配制

由于培养基成分的量通常都很小，在称量时很容易出现误差，而且配制一次培养基需要经过多次称量，误差也会随着称量次数的增加而越来越大，从而导致培养基成分含量发生较大变化，所以人们通常按照一定的比例将培养基成分配成浓缩液，使用的时候按一定比例稀释即可。这种浓缩液就是人们常说的母液。下面将对培养基母液的配制和培养基配制流程进行具体分析。

（一）培养基母液的配制

在培养基配制之前，要先配制培养基母液。培养基母液具有能保证各物质成分准确性、利于配制时快速移取、利于低温保存等优势，其配制方法主要有两种：一种是配制成大量的单一化合物母液，如碘元素母液、铁元素母液等；另一种是分别配制大量元素母液、微量元素母液、植物生长调节剂母液等。第二种方法在配制同一种培养基时具有显著的省时省力优势，人们常用的 MS 培养基母液配制，使用的就是该方法。MS 培养基母液（1 L）的配制如表 3-5 所示。

表 3–5　MS 培养基母液（1 L）的配制

成分	规定量/mg	浓缩倍数/倍	称取量/mg	配制 1 L 培养液吸取量/mL
硝酸铵	1650	20	33 000	100
硝酸钾	1900	20	38 000	100
七水硫酸镁	370	20	7400	100
磷酸二氢钾	170	20	3400	100
二水氯化钙	440	20	8800	100
四水硫酸锰	22. 3	100	2230	10
七水硫酸锌	8. 6	100	860	10
硼酸	6. 2	100	620	10
碘化钾	0. 83	100	83	10
二水钼酸钠	0. 25	100	25	10
五水硫酸铜	0. 025	100	2. 5	10
六水氯化钴	0. 025	100	2. 5	10
乙二胺四乙酸二钠	37. 3	100	3730	10
七水硫酸亚铁	27. 8	100	2780	10
烟酸	0. 5	100	50	10
盐酸吡哆素	0. 5	100	50	10
盐酸硫胺素	0. 1	100	10	10
肌醇	100	100	10 000	10
甘氨酸	2	100	200	10

通常情况下，培养基中的有机营养成分需要单独配成母液，无机营养成分需要分开配制成大量元素母液和微量元素母液，植物生长调节物质则需要分别单独配制母液。下面对无机营养成分和植物生长调节物质的母液配制进行具体分析。

1. 无机营养成分的母液配制

无机营养成分的母液配制主要包括大量元素母液配制和微量元素母液配制两种。

大量元素母液的浓度通常为原培养基浓度的 10 倍、20 倍或 50 倍，倍数不宜过高，也不能过低。母液各成分要分别称量，各自完全溶解后再混合，然后用蒸馏水定容，贴母液名称标签，记录配制时间和浓度倍数。

微量元素母液的浓度通常为原培养基浓度的 100 倍，母液各成分分别称量、溶解，混合后用蒸馏水定容，其后步骤和大量元素母液配制相同。

2. 植物生长调节物质的母液配制

植物生长调节物质不易溶于水，所以其母液的配制方法也有所不同。例如，生长素类物质要先溶于少量 95% 的乙醇或 1 mol/L 氢氧化钠溶液中，再用蒸馏水定容；细胞分裂素类物质要先溶于少量的 1 mol/L 氯化氢溶液中，再定容。植物生长调节剂母液的配制和保存如表 3–6 所示。

表 3–6　植物生长调节剂母液的配制和保存

种类		试管保存	母液保存	灭菌方式
生长素类	吲哚乙酸	冷冻	冷冻避光	过滤除菌
	吲哚丁酸	冷藏	冷冻避光	高压灭菌
	萘乙酸	常温	冷菌	高压灭菌
	2，4－二氯乙酸	常温	冷菌	高压灭菌
细胞分裂素类	激动素	冷冻	冷藏	高压灭菌
	玉米素	冷冻	冷冻避光	过滤除菌
	苄基腺嘌呤	常温	冷藏	高压灭菌
其他	赤霉素	常温	常温	过滤除菌
	脱落酸	冷冻	冷冻	高压灭菌

（二）培养基配制流程

1. 准备工作

在配制培养基前，首先要准备好不同型号的玻璃器皿、酸度计、高压灭菌锅、电炉等仪器设备，并给用于放置和储存培养基的试管、玻璃杯等做好标记；其次要根据培养基配方及所配制培养基的体积，计算所需成分的数量，准备好试剂和药品，并在纸上记录各种成分及所需量，配制时即时划掉已加成分；最后要按顺序排列已经配制好的母液，认真检查每种母液是否有沉淀或变色现象，不能使用已失效的母液。

2. 吸取母液

在准备工作做好后，要先在容器中放入适量蒸馏水，然后根据计算好的成分数量，使用专用移液器或按照过滤灭菌的方法吸取相应的有机物、大量元素、微量元素、生长调节剂等母液及其他添加物，加入琼脂和糖，加热溶解均匀。最后加入蒸馏水定容，获得所需体积的培养基。

3. 调节培养基 pH

配制好培养基后，要即刻借助酸度计对培养基的 pH 进行精确的测试调节，或直接用 pH 试纸对培养基的 pH 进行测试调节。通常情况下，培养基的 pH 调节可通过 1 mol/L 氯化氢或 1 mol/L 氢氧化钠溶液完成。

4. 分装培养基并封口

将配制好的培养基的 pH 调整至所需值后，要趁热分装到经洗涤、晾干并杀菌的培养容器中，固体培养基的琼脂通常在 40 ℃时凝固。对培养基进行分装时要把握好分装量，以培养基占培养容器的 1/4 ~ 1/3 为宜。另外，在分装培养基的过程中，还要注意不能将培养基粘在容器内壁和容器口，以免发生污染。分装时要注意标记好不同配方的培养基，防止培养基混淆。

分装后要及时用棉花塞、铝箔、硫酸纸等封口材料进行封口，防止培养基水分蒸发和污染。

第二节　植物组织培养设备与无菌操作技术

植物组织培养必须要在无菌条件下进行，要想保证植物组织培养工作的顺利进行，除了需要设计和组建功能完备、布局合理与规范的实验室外，还需要配备植物组织培养所需的设备，并熟练掌握植物组织培养的无菌操作技术。下面对植物组织培养的设备和植物组织培养的无菌操作技术进行具体分析。

一、植物组织培养的设备

植物组织培养中常用的设备主要有灭菌设备、接种设备、培养设备、监测设备、驯化设备和其他辅助设备，如盛装容器、称量容器、天平、酸度计、磁力搅拌器，以及冰箱和冰柜等。下面主要对灭菌设备、接种设备、培养设备和监测设备进行介绍。

（一）灭菌设备

无菌是植物组织培养的关键条件，灭菌设备是为植物组织培养创造无菌条件的重要设备，如图 3-1 所示。

a

b

c

d

e

图 3-1　灭菌设备

a. 手提式高压灭菌器；b. 全自动高压灭菌器；c. 恒温干燥箱；d. 微孔滤膜过滤器；e. 水电灭菌器

常见的灭菌设备主要有高压蒸汽灭菌器、烘箱、过滤器、紫外灯、酒精灯等，下面对高压蒸汽灭菌器、烘箱和过滤器进行简要介绍。

1. 高压蒸汽灭菌器

高压蒸汽灭菌器是最为主要的一种灭菌设备，其主要功能是对培养基、蒸馏水、接种器械进行灭菌消毒，主要原理是密闭蒸锅内的温度在 0.1 MPa 压力下能够达到 121 ℃，可迅速消灭细菌及其芽孢。

根据结构的不同，高压蒸汽灭菌器可分为大型卧式、中型立式和小型手提式等；根据对灭菌压力、温度、时间进行控制的方式的不同，高压蒸汽灭菌器可分为手动控制式、半自动式和全自动式。

2. 烘箱

烘箱是一种干燥灭菌设备，其主要功能是对玻璃器皿和接种器械进行灭菌消毒。根据灭菌消毒方式的不同，烘箱可分为恒温干燥箱和鼓风干燥箱。

3. 过滤器

过滤器的主要功能是对容易在高温灭菌环境下被分解并丧失活性的有机附加物和生长调节剂等进行除菌。在植物组织培养中被广泛使用的微孔滤膜过滤器的材质有两种，分别是玻璃材质和不锈钢材质，其微孔滤膜孔径也有两种，分别是 0.22 μm 孔径和 0.45 μm 孔径。

（二）接种设备

接种设备是将外植体或培养物接种到培养容器内的培养基上的设备，主要包括超净工作台、接种工具和封口材料等。其中，超净工作台是植物组织培养中应用最广泛、使用最为频繁的无菌操作设备，通常包括鼓风机、过滤器、工作台、紫外线光灯、照明灯等；接种工具主要用于外植体接种或培养物转接，通常包括立体显微镜、镊子、剪刀、解剖刀、接种针和接种环等；封口材料主要用于培养器皿的封口，通常包括棉塞、封口膜、铝箔，以及耐高温的塑料纸和塑料盖等。图 3-2 是部分常见的接种设备。

a

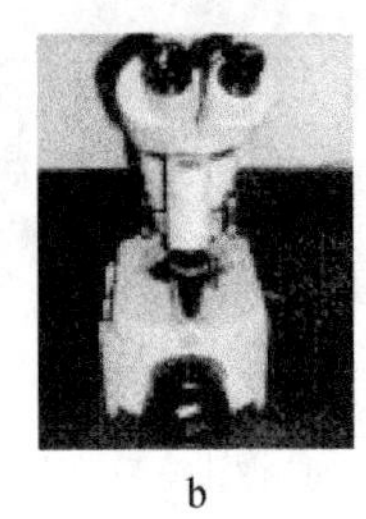
b

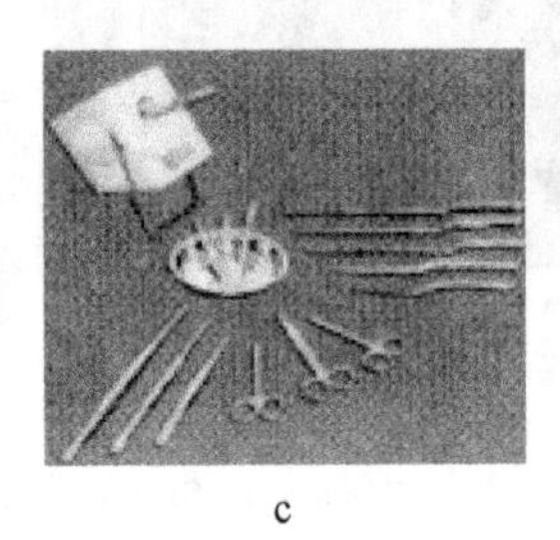
c

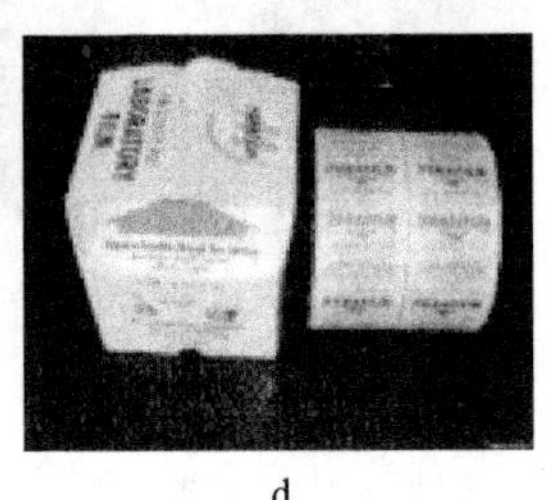
d

图 3-2　接种设备

a. 超净工作台；b. 立体显微镜；c. 接种工具；d. 封口膜

（三）培养设备

在植物组织培养中，培养设备有广义和狭义之分。狭义的培养设备仅指培养架、摇床等摆放培养容器的设备；广义的培养设备则指的是培养容器、摆放培养容器的设备和环境调控设备等。

培养容器主要包括试管、培养皿、三角瓶等，具有无菌、透明、相对封闭、结实耐用等特点，如图 3-3 所示。

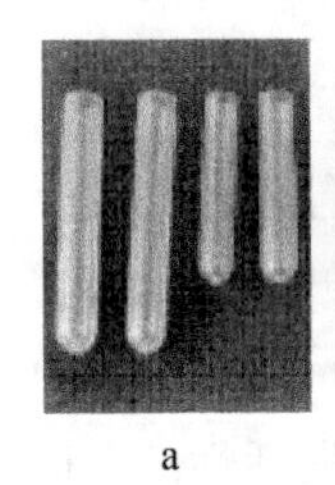
a

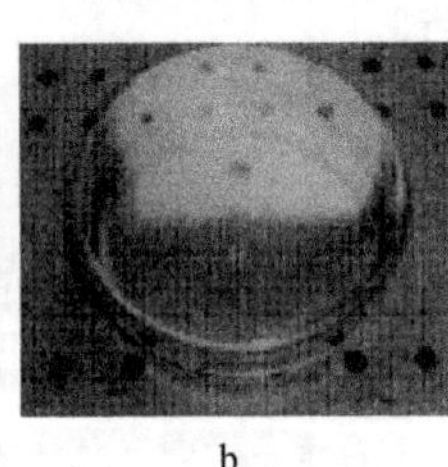
b

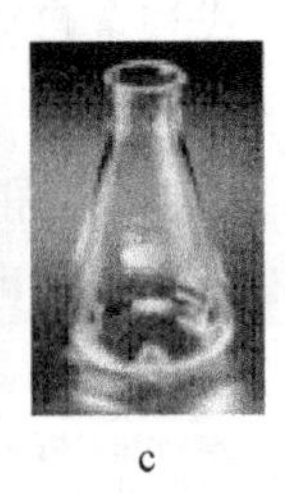
c

d

e

图 3-3　培养容器

a. 试管；b. 培养皿；c. 三角瓶；d. 果酱瓶；e. 广口瓶

培养设备主要包括培养架、振荡培养装置、生物反应器、培养箱、转床和摇床等，其主要作用是使培养容器能够合理利用光照，促进培养材料生长。图 3-4 是部分常见的培养设备。

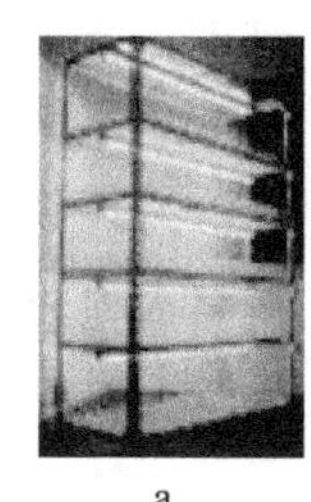

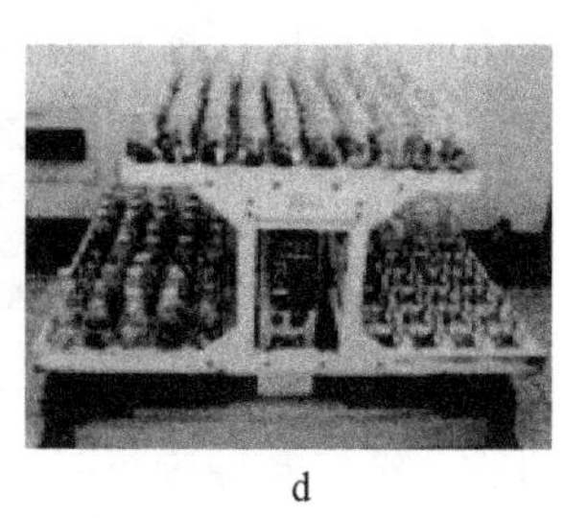

a　b　c　d

图 3–4　培养设备

a. 培养架；b. 光照培养箱；c. 恒温摇床；d. 大型摇床

环境调控设备主要包括节能日光灯、定时器、空调、加湿器和去湿机等，其主要作用是为培养材料提供所需的温度、光照、湿度、通风等条件，促进培养材料的生长、发育和繁殖。

（四）监测设备

植物组织培养的监测设备指的是组织切片设备和显微观察设备，主要用于组织切片、细胞染色和显微观察，能够帮助植物组织培养工作人员随时对培养材料的细胞学和形态解剖学变化进行科学监测。

组织切片设备包括切片机、磨刀机、烤片机、染缸等，主要功能是对培养材料待检测组织进行切片和染色。

显微观察设备主要包括双目体视显微镜、倒置显微镜、相差显微镜、干涉显微镜等各种显微镜和血小球计数板，如图 3–5 所示。

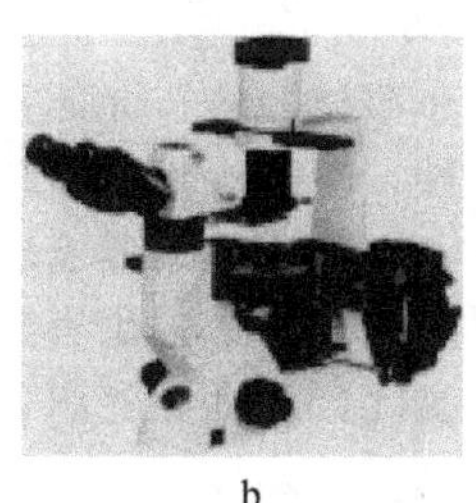
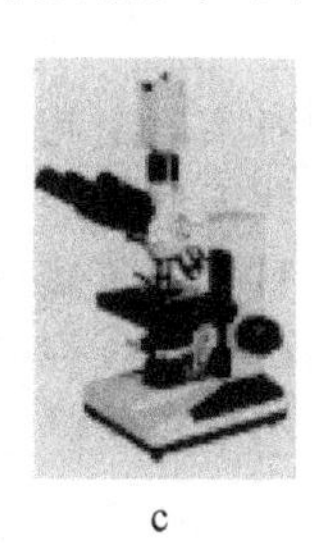

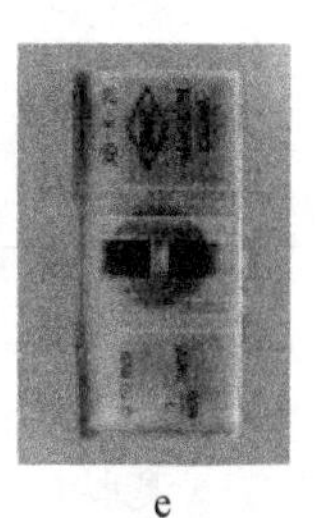

a　b　c　d　e

图 3–5　显微观察设备

a. 双目体视显微镜；b. 倒置显微镜；c. 相差显微镜；d. 干涉显微镜；e. 血小球计数板

二、植物组织培养的无菌操作技术

（一）洗涤

在植物组织培养无菌操作中，洗涤是第一个步骤。洗涤的对象是植物组织培养过程中所能用到的全部器材和用具，如玻璃器皿和塑料器具等。洗涤常用的洗涤剂有肥皂、洗衣粉、洗洁精和重铬酸钾洗涤液等。

（二）灭菌

灭菌是植物组织培养的关键技术之一。在植物组织培养中，灭菌指的是采用物理方法或化学方法，将物体表面或空隙中存在的一切不利于植物离体器官、组织和细胞生长发育的微生物杀死的过程。

灭菌的对象主要有以下几种：①培养基、无菌水、工作服、口罩、帽子等；②金属器械；③玻璃器皿及耐热器具；④不耐热的化合物；⑤实验室环境；⑥植物材料。

在灭菌操作中，针对不同的灭菌对象，采用的灭菌方法也要有所区别。例如，对培养基、无菌水、工作服、口罩、帽子等进行灭菌，要采用高温高压灭菌法；对金属器械进行灭菌，要采用火焰灼烧灭菌法；对玻璃器皿及耐热器具进行灭菌，要采用湿热或干热灭菌法；对不耐热化合物进行灭菌，要采用过滤灭菌法；对实验室环境进行灭菌，要采用烟熏和紫外线照射灭菌法；对植物材料进行灭菌，要采用化学灭菌法。其中，植物材料灭菌常用消毒剂的使用和效果对比如表 3–7 所示。

表 3–7　常用消毒剂的使用和效果对比

消毒剂	使用浓度	去除的难易程度	消毒时间/分钟	灭菌效果
次氯酸钠	2%	易	5 ~ 30	很好
次氯酸钙	9% ~ 10%	易	5 ~ 30	很好
漂白粉	饱和溶液	易	5 ~ 30	很好
升汞	0. 1% ~ 1%	较难	2 ~ 10	最好
乙醇	70% ~ 75%	易	0. 2 ~ 2	好
过氧化氢	10% ~ 12%	最易	5 ~ 15	好
溴水	1% ~ 2%	易	2 ~ 10	很好
硝酸银	1%	较难	5 ~ 30	好
抗生素	4 ~ 5 mg/L	中	30 ~ 60	较好

（三）无菌操作

植物组织培养无菌操作技术中的无菌操作主要指的是在植物组织培养材料接种过程中的操作。在植物组织培养材料接种前，无论是接种室、接种器

械，还是将要参与植物组织培养材料接种工作的人员，都要接受严格的灭菌消毒。衣服、手等不带有任何活着的微生物的工作人员在无菌接种室中使用无菌器械将经灭菌的培养材料切割并接种到无菌培养基上的操作过程，就是无菌操作。也就是说，整个植物组织培养材料接种过程都要在无菌条件下进行，一方面，接种室及室内设备要定期灭菌消毒，接种期间还要喷雾杀菌；另一方面，工作台面用品要合理布局，接种工作要有序，培养材料和培养基不可过早暴露在空气中。此外，在接种前30分钟，工作人员就要将超净工作台的紫外线灯打开灭菌，接种过程中打开的培养容器要保持倾斜状态，避免有害微生物落入造成污染。

第三节　继代培养与试管苗驯化移栽技术

本节将从继代培养的作用、引起衰退现象的因素，以及试管苗的特点、驯化、移栽等角度，对继代培养技术和试管苗驯化移栽技术进行具体介绍。

一、继代培养技术

（一）继代培养的作用

在植物组织培养的过程中，如果对培养基的更换不够及时，就会出现以下问题：第一，培养基的营养逐渐流失，给植物的生长发育带来不利影响；第二，培养容器的空间被占满，不利于植物呼吸，继而导致植物生长受限；第三，培养过程中累积大量代谢产物，对植物组织造成毒害，阻止其进一步生长。基于上述3点原因，培养基每使用一段时间，就应对其中的培养物进行转接，并进行继代培养。对培养材料进行继代培养，主要是为了使培养物增殖，并通过扩大培养物群体来促进工厂化育苗的进行。

（二）继代培养中的驯化现象

继代培养中的驯化现象是指一些植物的组织在经过长期的继代培养后会发生一定的变化，这种变化主要表现为：植物材料在继代培养初期，其生长离不开生长调节物质，但随着培养过程的持续进行，后期即使不加入生长调节物质，该植物材料也可以正常生长。例如，在胡萝卜的薄壁组织培养中，初代培养必须加入6～10 mg/L的IAA，才能达到最大生长量，但经过多次继代培养后，不加IAA的培养基同样能够达到最大生长量，这种现象也常出现在蝴蝶兰、蕙兰的继代培养过程中。

之所以会出现驯化现象，是因为细胞在继代培养的过程中积累了充足的生长物质，这些生长物质足以满足其生长发育的需求，因此时间越长，细胞对外源激素的依赖性越弱。在进行继代培养时，应注意继代培养的代数，并注意根据代数的增加来适当减少外源生长调节物质的加入。

（三）继代培养中的衰退现象及影响因素

培养材料在经过多次继代培养后，会出现生长发育不良、再生能力减弱、形态能力丧失、增殖率下降等一系列问题，这些问题都属于继代培养中的衰退现象。一般认为，衰退现象的发生主要基于以下几点原因：第一，长期的愈伤组织分化导致拟分生组织丧失；第二，内源生长调节物质的减少、产生条件物质能力的丧失，导致形态发生能力变弱；第三，细胞染色体发生畸变，造成分化能力与方向的变异。

除此之外，衰退现象还有可能受植物材料、培养基及培养条件、继代培养次数、培养季节、增殖系数等因素的影响。

1. 植物材料

继代繁殖能力与培养植物的种类、品种、器官、部位等密切相关，一般情况下，继代繁殖能力的排序如下：草本植物 > 木本植物；被子植物 > 裸子植物；年幼材料 > 年老材料；刚分离组织 > 已继代组织；胚 > 营养体组织；芽 > 胚状体 > 愈伤组织。

2. 培养基和培养条件

培养基的选择和培养条件的设置对继代培养效果的影响十分明显，因此可通过改变培养基和培养条件，来保持继代培养的进行。例如，在水仙鳞片基部再生子球的继代培养中，加入活性炭的培养基中的再生子球，其数量要比未加活性炭的多出数倍。

3. 继代培养次数

继代培养次数对培养效果的影响因培养材料而异。有的植物经过长期继代培养后，仍能保持原有的再生能力和增殖率，如非洲菊、矮牵牛、蝴蝶兰等；有的植物的分化再生繁殖能力则会随着继代时间的延长而减弱，如杜鹃，此时必须进行材料的更换。总的来说，在保持生长量和增殖倍数的同时，应尽可能减少继代培养的代数，以防发生变异现象并改变植物原有特性。

4. 培养季节

对部分植物而言，培养季节对其继代培养效果的影响还是较为明显的，

如百合鳞片的分化能力会呈现“春 > 秋 > 夏 > 冬”的特点。而对球根类植物而言，由于其具有休眠期，因此无法在继代培养时进行增殖，此时可通过加入赤霉素、低温处理等方式来打破休眠状态。

5. 增殖系数

一般情况下，每个月继代增殖3～10倍，便已能实现大量繁殖，如果继续盲目追求过高的增殖系数，就会导致培养出的苗小而弱，不仅会给生根移栽带来困难，还有可能使遗传性不再稳定。因此，应将增殖倍数控制在合理的范围内，以培养出有效的试管苗，使继代培养达到最佳效果。

二、试管苗驯化移栽技术

在试管苗的组织培养过程中，常常会出现组培苗移栽失败、移栽后成活率过低、移栽后的试管苗生长状态差甚至全部死亡等问题。为提高移栽试管苗的成活率，必须在移栽前对其进行驯化。

（一）试管苗特点

试管苗的生长环境与外界自然环境不同，主要体现在湿度大、透气性差、光照弱、恒温、养分充足等方面，这也就决定了试管苗的形态结构和生理特征会与田间苗存在一定的差异。如果不顾试管苗的特性而直接将其移栽至田间，试管苗极有可能因失水而萎缩、染病甚至死亡。因此，了解试管苗根、叶、组织等的特点是十分重要的。

1. 根的特点

有些试管苗的根是通过愈伤组织形成的，与茎叶维管束系统并不相通，只有将芽切下并转移到生根培养基上进行再生根后，才能与茎的维管束相通，继而使移栽的试管苗成活。

2. 叶的特点

在高湿、弱光、低透气条件下生长出的叶，其保卫组织细胞的数量普遍偏少，叶面保护组织不够发达，甚至完全缺失，容易失水萎蔫。这种叶片的叶绿素含量较低，叶片又嫩又薄，光合能力极弱，容易被自然光灼伤。

3. 组织的特点

试管苗的茎比较细弱，组织幼嫩且结构不紧密，细胞含水量较高，内含物较少，机械组织极不发达，这些都导致其在移栽过程中容易出现机械损伤，成活率降低。在无菌培养瓶中生长起来的试管苗具有极弱的抗病虫害能力，容易染病，常常出现烂根、烂茎等问题。

（二）试管苗驯化

从植物组织培养中获得的小植株，由于长期生长在三角瓶内，体表鲜有保护组织，因此适应性差、生长势弱。要想实现从“异养”到“自养”的转变，确保露地移栽能够成活，就要首先经历一个逐渐适应的驯化过程。

1. 试管苗驯化的阶段

试管苗的驯化可大致分为 3 个阶段：①瓶内驯化阶段，即在试管苗出瓶之前，先加强光照和透气性，使之逐渐适应外界环境，该过程应在组织培养室内进行，并注意每 5～7 天进行一次灭菌；②将试管苗从培养室内移出，先用 25 ℃的清水洗去培养基，再用低浓度的生根粉溶液浸泡根部 5 分钟；③瓶外驯化阶段，即将试管苗移至营养钵或苗床时，要首先经过一段时间的保湿和遮光。

2. 试管苗驯化的注意事项

不同植物的组织培养效果由培养时间、生根驯化时机、光照强度、驯化时间等多种因素共同决定，因此，在进行试管苗的驯化时，应注意考虑到各种因素的影响及作用。

（1）培养时间

不同植物所需的培养时间差异较大，应根据植物的具体情况灵活把握，如马铃薯在生根培养基上需要培养 20～28 天，飞燕草则只需 10～15 天。

（2）生根

驯化的最佳时机与根系的长度、数量并无直接关系，并不是根系越长、越多，驯化的效果就越好。

（3）光照强度

一般情况下，培养室内的日光灯强度应控制在 2000～4000 lx，但在春季和夏季的中午，仅室外的自然光照强度便可达到 30 000 lx 以上。针对这种情况，应根据植物的实际需求来采取适当的遮光措施：类似枣、刺槐、马铃薯等喜光植物，可在全光下进行炼苗；类似玉簪、绿帝王等耐荫植物，需在光照强度较弱的地方炼苗；而萱草、月季等植物的炼苗则应在 50%～70% 的遮阳网下进行。

（4）驯化时间

多数植物的驯化时间为 7 天左右，但具体情况还需具体分析，如马铃薯一般需要 5～7 天，甜樱桃和草莓需在温室中炼苗 5～10 天，葡萄、枣树一般需要 2 周，枇杷则需要在自然光下锻炼 20 天左右。

（三）试管苗的移栽

当组织培养的试管苗经过一段时间的驯化，对自然环境已产生一定的适应能力后，即可进行移栽。移栽的主要方式有容器移栽和大田移栽两种类型。

1. 容器移栽

容器移栽是指将驯化后的试管苗移栽至带有蛭石的穴盘、营养钵等育苗器中的移栽方式。根据幼苗的大小，可选择不同的穴盘，如 72 穴、128 穴等。容器移栽的优势在于每株幼苗都处于相对独立的空间中，如果个别幼苗发生病害，其他幼苗不会立刻受到牵连，有利于减少损失。

2. 大田移栽

经过一段时间的培养后，容器移栽的试管苗逐渐长大，此时需将这些已长大的幼苗重新移至大田中，这就是大田移栽。在选择移栽基质时，应考虑疏松透气性、保水性、灭菌处理难度等因素，常用的移栽基质有蛭石、珍珠岩、炉灰渣、谷壳、腐殖土等。

3. 移栽注意事项

在进行试管苗的移栽时，应注意以下几个问题。

①从瓶中取苗时不可用力过猛，如果培养基过于干燥，可先用清水浸泡一段时间。

②清洗试管苗时要注意力度，必须将附着在上面的培养基和松散的愈伤组织清理干净，否则会导致霉菌污染。

③使用育苗基质时注意彻底消毒，最好选用理化性质好的复合型基质，基质湿度不可过高，否则容易烂根。

④应对刚移栽的小苗进行短期遮阴，待其生长一段时间、状态基本稳定后，才能逐渐增加光照强度。

第四节 植物组织培养条件及调控技术

对外植体的培养需要基于一定的条件，这种条件通常被称作“微环境条件”，主要包括温度、光照、气体、湿度、渗透压、pH 等。

一、温度与光照

（一）温度

温度对植物组织培养效果的影响十分明显，但在一般情况下，一个培养室内需要培养多种类型的植物，而每种植物所需的最适宜温度又不尽相同，此时，一般会将培养室的温度控制在25 ℃左右，且最高不得超过35 ℃，最低不得小于15 ℃，具体还应根据植物的特性进行针对性调温。如果条件允许，可使用智能光照培养箱，根据植物的生态习性自行进行变温培养。

（二）光照

光照因素对植物细胞、组织、器官的生长与分化具有十分重要的影响，具体表现在光照强度、光质等方面。

1. 光照强度

培养室的光照强度一般要求控制在1000～6000 lx，其中较为常用的光照强度为1500～3000 lx。不同植物或不同生长阶段的同一植物对光照强度的要求有所差异，多数植物在有光的情况下能够获得良好的生长分化，但也有一些植物，其器官的形成并不需要光，甚至光会对根产生抑制作用，此时需在培养基中加入活性炭，以提高根的形成率。

2. 光质

光质对细胞分裂、器官分化、愈伤组织的诱导与增殖等均有着明显影响。不同的光质对不同的植物器官也会产生不同的影响，如红光会促进杨树愈伤组织的形成，蓝光则对其具有抑制作用，但蓝光对烟草愈伤组织的分化却有着显著的促进作用，绿豆下胚轴的愈伤组织也能在蓝光下获得良好的生长。

二、气体与湿度

（一）气体

无论是固体培养还是液体培养，培养物都不宜完全陷入培养基中，否则培养物会缺氧致死。在继代培养中，培养容器的烘烤时间过长、培养基中激素含量过高等原因均会诱导乙烯的合成，而高浓度的乙烯又会抑制培养物的生长与分化，使培养物无法进行正常的形态发生。此外，在植物生长代谢过程中产生的二氧化碳、乙醛、乙醇等物质，其浓度如果过高，同样会对培养物的生长和发育产生抑制甚至毒害影响。

（二）湿度

湿度对植物组织培养的影响主要体现在培养环境的湿度、培养容器的湿度两个方面。在培养初期，容器内的湿度几乎可达100%，但由于整体环境的湿度变化较大，且会影响到培养基的水分蒸发情况，继而影响容器内湿

度，因此，培养环境的湿度一般要求控制在70%～80%。如果湿度过低，培养基会逐渐失水、干枯，导致组成成分的浓度发生变化，无法满足植物生长的正常需求；如果湿度过高，培养基内则容易滋生霉菌，形成污染。

三、渗透压与pH

（一）渗透压

培养基中渗透压的影响主要体现在植物细胞对养分的吸收上。根据渗透作用原理，只有当培养基成分的浓度低于植物细胞内的浓度时，植物细胞才能从培养基中获取养分和水分。

糖类具有调节培养基中渗透压的作用，其中以蔗糖效果最佳，葡萄糖、果糖次之。培养基中糖的浓度应根据实际情况决定，一般情况下，植物对糖浓度的需要在2%～6%，根分化只需2%～3%即可，但体细胞胚的发生却需要大量的糖，最高可达15%。高浓度的蔗糖对百合、大蒜等试管鳞茎的诱导具有明显的促进作用。

（二）pH

pH对培养基的影响主要体现在培养基的硬度、植物对培养基成分的吸收两个方面。不同类型的植物材料对pH的耐受性存在较大差异，所需pH范围也有很大差距，因此在配制培养基时，必须注重对pH的调节。

多数植物最为适应的环境为微酸性环境，pH保持在5.6～5.8效果最好；针对生长在酸性土壤中的植物，可适当降低培养基的pH，但不可过低。随着植物对培养基中营养物质的吸收，pH会逐渐降低，此时应及时更换培养基，或在条件允许的前提下增加培养基数量。

第五节　外植体种类及其接种技术

所谓外植体，是指从活体生物上取下的、用于离体培养的一部分器官、组织或细胞。外植体选择的合适与否，会在很大程度上影响植物组织培养的结果。初代培养，即将外植体接种到培养基上，这一般是植物组织培养的第一步。

一、外植体的种类

从理论上讲，植物的器官、组织和细胞都应具备发育成为完整植株的潜力，即植物细胞具有全能性，但实际上，不同的植物种类、同一植物的不同器官、同一器官的不同生理状态，其本身的再分化能力和对外界的诱导反应能力都是不同的。因此，在选取外植体时，应根据培养目的和植物特性来做出针对性选择。

（一）带芽外植体

带芽外植体主要包括茎尖、侧芽、鳞芽、原球茎等。利用带芽外植体进行培养一般出于两种目的：第一，诱导茎轴伸长，为此需在培养基中添加赤霉素和生长素；第二，抑制主轴发育，促进腋芽生长，为此需在培养基中添加细胞分裂素。带芽外植体所形成的植株存活率整体较高，且很少发生变异，一般能够保持植物的优良特性。

（二）胚

胚培养是指对自然状态下或在试管中受精形成的各个时期的胚进行离体培养的过程，主要包括成熟胚培养和幼胚培养两种类型。由于胚由大量的分生组织细胞构成，不仅生长旺盛，而且易于成活，因此成为一种十分重要的组织培养材料。

（三）分化的器官和组织

常见的分化器官和组织包括茎段、叶、根、花茎、花瓣、果实等，此类外植体通常由已分化的细胞构成。通过这类外植体接种的植物，往往需要经过愈伤组织阶段才能分化出芽或胚状体，继而形成植株，因此，所形成的后代存在发生变异的可能性。与此同时，也有一些器官无需愈伤组织，直接形成不定芽或体细胞胚，如叶既是植物进行光合作用的自养器官，也可作为某些植物的繁殖器官，对其进行离体培养，可通过建立快速无性繁殖体系来实现。

（四）花粉及雄配子体中的单倍体细胞

在花粉及雄配子体中的单倍体细胞中，通常只有一半的染色体可作为外植体进行组织培养。小孢子培养在植物细胞组织培养中的应用十分普遍，并且效果整体较为良好。

二、外植体选择的原则

对植物组织培养而言，外植体的选择是影响培养效果的关键因素之一，选择合适的外植体能够使离体培养“事半功倍”，因此，在选择外植体时必须遵循以下原则，以免多走弯路。

（一）再生能力强

应从健壮植株上选取发育正常、生长代谢旺盛、再生能力强的组织或器官作为离体培养的外植体。需要注意的是，当细胞或组织的生长情况整体一致时，分化程度越高，再生能力就越弱，脱分化的难度就越大，因此，应尽可能选择分化程度低的植物材料作为外植体。一般情况下，幼年组织拥有更强的形态发生能力，效果整体优于老年组织。

（二）材料易得，遗传稳定

在选择取材部位时，应首先考虑两点因素：第一，外植体材料的来源是否丰富；第二，外植体材料经过脱分化而产生的愈伤组织是否会出现不良变异，导致原品种丧失其优良性状。总的来说，应选择既容易获取又不易发生变异的材料作为外植体，争取做到保质保量。

（三）灭菌难度小

为减少外植体给植物组织培养带来的污染，所选用的外植体材料应尽可能少带细菌。一般情况下，植物的地上组织灭菌难度小于地下组织，一年生组织灭菌难度小于多年生组织，幼嫩组织灭菌难度小于老龄组织，温室材料所带细菌少于田间材料。

（四）材料大小适中

研究表明，外植体材料如果太大，灭菌工作将难以彻底进行，不仅容易造成污染，还会浪费植物材料；外植体材料如果太小，又容易形成愈伤组织，降低生活率。因此，外植体材料大小的选择需要遵循适度原则。

三、外植体的接种

外植体接种是指在无菌条件下，将已消毒的外植体切割成大小适中的块状，并将其转移至合适培养基的过程。

（一）接种前的准备

在开始接种之前，要首先对接种室进行全面消毒，具体应做到以下几点。

①用 70% 的乙醇对空气中的细菌和真菌孢子进行沉降，并用同等浓度的乙醇擦拭超净工作台，用紫外灯照射至少 20 分钟。

②接种过程中所用的所有器械，如镊子、解剖刀等，都要经过高压灭菌处理。注意提前打开灭菌器，确保接种时温度已达到设定值。

③在操作过程中，所用器械应经常进行灼烧灭菌并注意冷却，以免外植

体被灼伤。

④在条件允许的情况下，可使用臭氧发生器对接种器进行消毒。

除此之外，工作人员的接种服、帽子、口罩等都必须保持干净整洁，并定期进行消毒处理。在接种过程中，工作人员要用70%的乙醇对双手和双臂进行消毒，操作时应戴上口罩，不与他人交谈。

（二）接种注意事项

在外植体的接种过程中，应着重注意以下几点。

①在无菌条件下切取外植体材料时，较大的材料可通过肉眼观察直接切取，较小的材料则必须借助双筒实体显微镜，且切取过程一般在载玻片或无菌培养皿上进行。

②将培养容器的瓶口靠近酒精灯火焰，瓶身倾斜，瓶口外部需在火焰上灼烧数秒，过后取出封口物（如棉塞、铝箔等）。

③用灼烧后冷却的镊子将大小适中的外植体均匀分布在培养容器内的培养基上。

④接种完成后，要在接种容器上标明接种物名称、接种日期、处理方法、接种人等信息，以便日后观察和区分。

第四章　园林植物组织培养实践

植物组织培养技术在园林植物的快繁、脱毒、新品种培育、遗传转化、种质资源保存等方面，发挥着越来越重要的作用。本章将把园林植物大致分为草本园林植物、木本园林植物、球根园林植物、水生园林植物、蕨类园林植物、多肉类园林植物6种类型，并以具体植物为例，对每一种类型的园林植物组织培养方法进行详细介绍。

第一节　草本和木本园林植物的组织培养

一、草本园林植物组织培养

草本园林植物作为一种十分重要的绿化材料，具有色彩丰富、品种繁多、花期错落等特点。运用植物组织培养法对草本园林植物进行快速繁殖，有利于在短期内收获大量品质优良的种苗。

（一）草本园林植物组织培养概况

植物细胞全能性理论使组织培养育苗成为一种重要的繁殖手段，推动了植物快繁、无病毒苗培育、种质资源保存等技术的发展。截至目前，植物组织培养技术已广泛应用于园林植物中的约80个科、450多种植物，由于该技术具有生长周期短、可全年试验、生产不受气候影响等优点，因此，世界各国的花卉产业都开始将植物组织培养技术作为大规模、工厂化育苗的手段加以应用。

花卉市场的竞争结果主要取决于花卉的品种和质量，具体来说，取决于花卉培养者是否具有集约化的规模、现代化的设施、专业化的生产和标准化的管理。在经济全球化的浪潮中，拥有品牌优势才是获得市场地位的关键，因此，在大市场、大流通的营销模式下，我国的花卉业只有通过规模化生产、标准化管理，并利用现代化设施进行高效栽培，才能从个体分散、低水平重复、低效竞争的瓶颈中摆脱，走上与国际接轨的产业化道路。

据初步统计，在园林植物中已有600多个品种获得无性系，如菊花、百合、康乃馨等；林木、果树中也有一些获得了无性系并应用于实践，如杨树、草莓等；金鱼草、矮牵牛等重要花卉已实现基因工程的花色调控；蓝色月季、抗虫烟草等转基因植物的培育工作已基本完成。由此可见，园林植物的组织培养技术在经过一个半世纪的发展后，已取得较大成就，具体表现在种苗脱毒快繁、离体无性系繁殖、原生质体培养和体细胞杂交等方面。

1. 脱毒及快速繁殖

在自然环境下生长的植物极易受到病毒感染，虽然并非所有被病毒感染的植物都会死亡，但产量下降、质量变差、观赏性较弱是必然结果。无性繁殖的植物在繁殖过程中，由于病毒可通过营养体进行传递并逐代累积，因此所遭受的病毒危害往往更加严重。为解决无性繁殖的植物所面临的病毒危害问题，自20世纪80年代起，人们便已开始采用茎尖脱毒的方法。一般情况下，茎尖只有极少的病毒颗粒，因此可在无菌条件下对其进行培养，以获得脱毒植株。脱毒植株生长势头强劲、抗逆性强、产量高，能够保持品种的优良特性，利用生物技术对花卉脱毒苗进行组织培养并扩大繁殖，已成为园艺界常用的生产方式，并取得了良好的经济效益和社会效益。

2. 离体快速繁殖

植物组织培养在园林植物的离体快速繁殖中获得广泛应用，由于不受地区、气候等因素的影响，因此，其培养成效比常规的繁殖方法快了数万倍。1960年，兰花茎尖离体培养的实验大获成功，自此国内外开始相继建立兰花工业，全世界有80%～85%的兰花都是通过组织培养进行脱毒和快繁的。

在兰花工业高效益的刺激下，园林植物的试管快繁技术取得了飞快的进展，目前可使用试管快繁技术的植物已有至少200种。受市场、成本、技术、管理等因素的影响，植物组织培养技术在园林植物中的应用主要集中在引进稀缺良种、濒危植物、基因工程植株等方面。

3. 原生质体培养和细胞杂交

原生质体是指去掉细胞壁的裸露植物细胞，其通过原生质体的配合，可创造出新种或培育形成优良品种。原生质体同样是一个优质的受体系统，可用于外源基因的导入。自20世纪70年代初烟草原生质体首次培养出再生植株至今，已有约250种高等植物通过原生质体培养获得再生植株。我国首次培养成功的就有30多种，包括矮牵牛、金鱼草、香石竹等。

4. 植物薄层细胞培养

植物薄层细胞培养作为一种正在推广的组织培养技术，其外植体主要为茎表皮层细胞。目前，该方法只可用于细胞分化的研究及应用，且并非所有植物都能实现薄层培养快繁。部分植物可同时使用薄层培养和其他方式的组织培养，以保证再生植株的顺利培养。

5. 人工种子

人工种子是一项诞生于 20 世纪 80 年代初的组织培养新技术，具体来说，就是将组培繁殖的种胚包在人工制造的胶质种衣中，使其成为既能保护胚状体，又能提供营养的“种皮”，最终创造出一种与种子相似的结构。目前，人工种子技术已从实验阶段走向应用和推广阶段。

（二）主要草本园林植物组织培养

1. 非洲菊

非洲菊（图 4-1）又名扶郎花，属菊科扶郎花属，原产于南非，花朵硕大、花枝清秀挺拔、花色艳丽丰富，既可作盆栽又可作切花，具有极高的观赏价值。非洲菊早期常用的繁殖方法为种子繁殖或无性繁殖，但由于种子繁殖具有种子寿命短、发芽率低、后代变异性大等弊端，无性繁殖具有繁殖系数低、难以满足市场需求等弊端，因此，这两种繁殖方式开始逐渐被组织培养所取代。

图 4-1　非洲菊

20 世纪 90 年代，我国开始进行对非洲菊组织培养、快速繁殖的实践与探索，并对非洲菊的愈伤组织诱导、芽苗的增殖与生根、小苗的移栽等进行深入研究，目前已基本能够满足花卉市场的需求。

（1）外植体选取

由于非洲菊的茎尖数目少，且剥取困难、易被污染，因此常使用花托作为外植体。将直径 1 cm 左右的花蕾置于超净工作台，用 0.1% 的吐温浸泡 10～15 分钟，取出洗净后放入 0.1% 的升汞溶液中消毒 20 分钟，取出后用无菌水冲洗 3～4 次后倒掉。在滤纸上用镊子和手术刀剥去苞片、切除小花，留下花托并将花托切成 2～3 mm 见方的小块，接种在初代培养基上。

（2）初代培养

初代培养基为 MS + BA 2 mg/L + NAA 0.2 mg/L + IAA 0.2 mg/L，pH 为 5.8，7～10 天后切口处形成愈伤组织，2 周后从花托块中央生出丛生小芽，在（24 ± 2）℃的培养条件下，用强度为 2000～3000 lx 的光线进行 12～16 小时的光照。

（3）继代培养

将丛生小芽移至 MS + KT 5 mg/L + IAA 0.2 mg/L 的分化培养基上进行继代培养，余下的愈伤组织约在 4 周后形成丛生芽，分化频率为 60%～70%。

（4）生根培养、移栽

等到苗高 2 cm 时，将其剪切转移至 1/2 MS + NAA 0.1 mg/L 的生根培养基中，约 4 周后可发出 2～3 cm 根系。移栽基质可用珍珠岩和蛭石 1∶1 混合，移栽后注意防雨并用遮阳网遮阴，每天喷水 1～2 次，每周供给 1 次营养液，2～3 周即可成活。随后适当增加光照，5～6 周后即可供大田移栽。

2. 桔梗

桔梗（图 4-2）又名铃铛花、六角荷，为多年生草本植物，主要分布在我国的华南至华北地区，因花蕾膨胀时呈气球状，因此又常被称作“中国气球”。桔梗不仅具有较高的观赏价值，还具有一定的药用价值，是一种常用的中药，其根入药可用于清肺、祛痰、止咳等。桔梗具有较强的抗逆性，且管理简便、花期长，常被用作露地观赏花卉，点缀岩石园或作为切花材料等。

常用的桔梗繁殖方式包括播种和分株，播种繁殖的种子发芽率一般为 10%～20%，发芽率低，且种苗细弱，不易成活，而分株法的繁殖率又整体偏低，因此，桔梗培育者也开始使用组织培养方式进行桔梗繁殖。

（1）外植体选择及处理

选取当年生桔梗的茎段，去除叶片后用 75% 的乙醇处理 30 秒，再用

图 4-2　桔梗

0.1% 的升汞溶液浸泡 5～6 分钟，无菌水冲洗 3～4 次。用无菌滤纸吸干水分后，将茎段剪成长约 1 cm 的小段，且每个小段上都必须带节。

（2）初代培养

初代培养的基本条件为 1000～2000 lx 的光照强度，每天 9～10 小时的光照，23～25 ℃的培养温度，pH 为 5.8。

在 MS +6 - BA 2 mg/L + NAA 0.3 mg/L 的培养基上，半个月后会有新芽从茎段上的叶腋间长出来，在基部逐渐形成黄绿色的愈伤组织。此时，芽的生长速度较快，且芽呈嫩绿色。

在 MS +6 - BA 2 mg/L + NAA 0.1 mg/L + KT 1 mg/L 的培养基上，半个月后同样会有新芽从茎段上的叶腋间长出来，基部也同样会形成愈伤组织。但此时，芽的生长速度会变慢，且芽呈黄绿色。

（3）继代培养

将在初代培养基上萌发的幼茎切下约 1 cm 后，将其转接到继代培养基上进行培养。当 6 - BA 浓度为 2 mg/L 时，萌发率最高且苗的长势较好。当 6 - BA 的浓度高于或低于 2 mg/L 时，侧芽的萌发均会受到抑制：当 6 - BA 浓度较高时，苗的生长速度变慢，苗的节间距变短，形成的苗较为茁壮；反之，侧芽则较为细弱。

（4）根的诱导

将长 2～3 cm 的腋芽切下，转入各生根培养基中诱导生根，培养 20 天后进行观察统计。在 1/2MS 附加 IBA 0.5 mg/L 的培养基上，生根率可达 61%，平均根长 3 cm，且 10 天后就开始生根。在 MS 加 NAA 的培养基上，当 NAA 浓度为 1 ~2 mg/L 时，需要大约 30 天才会大量生根，且生根率也不高，只有当 NAA 浓度达到 2 mg/L 时，生根率才会逐渐升高，最高可达 59% 。

（5）过渡移栽

将苗从瓶内取出后，用水将根部培养基清洗干净，按照 1 ∶ 1 的比例配制草炭和蛭石后，将苗按照行宽 3 cm、苗距 1 cm 的距离栽到育苗盘中，而后将其置于温室中或用竹子搭建的小拱棚里，并用薄膜或遮阳网罩上。

第一周是处理的关键时期，此时的苗十分细弱，且由于环境变化大，光照、温度、湿度等条件均与之前不同，因此植株根系不够发达，极易形成死苗。在这一阶段，应注意遮阴、保暖、防暴晒，在保持膜内温度的同时注意防霉，3 ~4 天后可增加通风时间，以免膜内湿度过高。

3. 安祖花

安祖花（图 4–3）又名红掌、红鹤芋等，属天南星科花烛属，原产于哥伦比亚。安祖花叶型翠绿、花茎挺拔、花色艳丽，是著名的切花和盆栽花卉之一，具有极高的观赏价值和经济价值，因而市场潜力巨大。安祖花常用的繁殖方法包括分株繁殖、扦插繁殖和组织培养繁殖，其中，组织培养是实现安祖花快速繁殖的最有效途径。

图 4–3　安祖花

（1）外植体选择与处理

在取材前 2 ~3 周，不要向所取材的母株喷水，而应选用生长健壮的无病侧芽，用自来水对其进行冲洗，并在无菌条件下用 75% 的乙醇消毒约 10 秒，再用 0. 1% 的升汞溶液浸泡 10 分钟，用无菌水冲洗 4 ~6 次后，用无菌

纱布吸干表面水分。切割灭菌的侧芽，待其长到 5 mm 左右，将其接种至诱导培养基上。

需要注意的是，安祖花植株所携带的细菌不易消毒，为防止培养基受到污染，需在培养基中加入链霉素、青霉素等抗生物质。

（2）继代培养

安祖花试管苗愈伤组织培养基用 MS + KT 2.0 mg/L + IBA 5 mg/L + 蔗糖 30 g/L + 琼脂 7 mg/L，经过两个月的培养，侧芽会形成愈伤组织，愈伤组织再经过 40 ~ 50 天的培养，又会产生大量不定芽，待不定芽长到 2 ~ 3 cm 时可将其切下，并将其接种到继代培养基上进行继代繁殖。

安祖花试管苗继代繁殖培养基用 MS + BA 0.2 mg/L + NAA 0.1 mg/L + 蔗糖 30 g/L + 琼脂 7 g/L，如果将切割后的愈伤组织接种到该培养基上进行继代繁殖，那么 35 天后，繁殖系数将达到 5.6，萌芽率为 74.6%。

（3）生根培养

以 1/2MS + 糖 20 g/L + 琼脂 7 g/L 为基本培养基，研究不同浓度的 NAA 对安祖花生根情况的影响。当试管苗增殖培养的不定芽长到约 2 cm 时，将其转接到生根培养基上继续进行为期 20 天的生根培养，最终得到实验结果：当培养基为 1/2MS、NAA 的浓度为 0.2 ~ 0.4 mg/L 时，有利于安祖花试管苗的生根，且当 NAA 浓度为 0.3 mg/L 时，有效根数量最多，生根率也较高。NAA 的浓度一旦超过 0.4 mg/L，安祖花试管苗就易形成愈伤组织，其愈伤组织根（即无效根）将难以移栽成活。

（4）培养条件

将安祖花试管苗培养基的 pH 调至 5.8 ~ 6.0，将培养温度控制在（25 ± 2）℃，每天进行 10 ~ 12 小时的光照，且将光照强度保持在 1000 ~ 1500 lx。

（5）试管苗的移栽

当安祖花的苗高达到 3 ~ 5 cm，且生出 3 ~ 5 根长为 0.5 ~ 1.0 cm 的新根时，将试管苗和培养瓶一同移至大棚内，进行为期一周的闭瓶炼苗，而后开瓶炼苗，2 天后开始移栽。移栽时注意对苗和根的保护，先用清水将根部附着的琼脂洗干净，再用 0.5% 的多菌灵溶液浸泡 5 秒，捞出晾干后将小苗移植到苗床上，以 1∶1 的泥炭和珍珠岩为栽培基质，将空气相对湿度保持在 90%，将环境温度控制在 20 ~ 26 ℃，同时注意通风，防止滋生杂菌，避免小苗发生霉烂或在根茎处腐烂。

4. 大岩桐

大岩桐（图4-4）又名落雪泥，属苦苣科苦苣苔属，为多年生草本植物，原产于巴西。大岩桐的花朵大而鲜艳，花期长，色彩丰富，是著名的温室盆栽花卉。由于大岩桐为异花授粉植物，种子难得，因此常规的种子繁殖难以满足市场需求，而通过组织培养则能获得大量保持优良形状的优质苗。

图4-4　大岩桐

（1）外植体选择与处理

将生长健壮、无病虫害的新生嫩叶作为外植体进行初代培养，用洗衣粉、洗洁剂等对外植体进行冲洗后，在超净工作台上用75%的乙醇溶液浸泡15秒，再用0.1%的升汞溶液浸泡5分钟，不断轻摇确保其浸泡充分，以达到彻底灭菌的目的。用无菌滤纸将水分吸干，将叶片切成边长5～7 mm的小方块并接到培养基中，为减少损失，建议每瓶只接一块材料。

诱导分化培养基为MS＋3%蔗糖＋0.5%琼脂粉，附加不同浓度的NAA、6-BA激素配比。不定芽诱导培养基为MS＋3%蔗糖＋0.5%琼脂粉，附加不同浓度的NAA、6-BA激素配比。生根诱导培养基为1/2MS＋1.5%蔗糖＋0.5%琼脂粉，附加不同浓度的NAA激素配比。pH应保持在5.8，光照强度应保持在1000～2000 lx，光照时间以10～12小时为宜，培养温度应控制在（25±2）℃。

（2）不定芽诱导

将无菌外植体接入附加了3种浓度激素配比的诱导培养基中，10天后叶片开始膨大，20天后叶面上开始形成致密的淡黄色愈伤组织，且长有3～4个芽，30天后较密集的丛生芽逐渐产生。最适合大岩桐不定芽的培养基为

MS + NAA 0.05 mg/L + 6 – BA 0.1 mg/L，每个外植体在经过 30 天的培养后，都会形成 8 ~ 9 个生长健壮、颜色嫩绿、适应性强的不定芽。当 6 – BA 浓度较低时，愈伤组织容易形成，浓度较高则有利于分化芽；当 NAA 浓度较高时，不利于分化芽而会形成不定根。

大岩桐增殖的最佳培养基为 MS + NAA 0.6 mg/L + 6 – BA 0.1 mg/L。实验结果证明，增殖倍数会随着 6 – BA 浓度的降低而增加，丛生芽的数量则会随着 NAA 浓度的升高而减少。当 NAA 的浓度升至 0.15 mg/L 时，丛生芽的基部会有根产生；当 6 – BA 的浓度升高时，易形成愈伤组织，丛生芽的数量会减少，且容易生长不良。

大岩桐的根均为须状根，根数多、根较短，在 1/2MS + NAA 0.1 mg/L 的培养基中，苗木生长健壮，苗基部会形成绿豆大小的球茎，生根率高达 100%。当 NAA 的浓度为 0.15 ~ 0.20 mg/L 时，NAA 会对根的形成与生长产生抑制作用。由此可知，在大岩桐生根诱导的过程中，NAA 是影响其根形成的最主要因素，且 NAA 的最适宜浓度应为 0.10 mg/L。

（3）炼苗移栽

大岩桐组培苗是在营养充足、温度与湿度适宜的条件下培育出来的，其组织十分幼嫩，抗逆能力较弱，因此，移栽驯化的结果很大程度上决定了其组织培养能否取得成功。

大岩桐的炼苗移栽主要包括以下几个步骤：①将已经生根的大岩桐瓶苗移至无阳光直射的室外，在常温下进行 3 ~ 7 天的炼苗处理，使其适应自然环境；②将苗从瓶中取出，洗净根部培养基，尽量避免让苗接触水；③用 0.1% 多菌灵浸泡根部约 30 分钟后，将苗栽入以珍珠岩为基质的苗床中，浇水后搭上塑料棚膜，并进行适当遮阴，4 ~ 5 天后可适当增加通风时间；④当炼苗 30 天、苗高超过 6 cm 时，可将苗移栽上盆。一般情况下，如果管理措施得当，大岩桐组培苗的成活率可达 90% 以上。

5. 蝴蝶兰

蝴蝶兰（图 4-5）原产于亚洲热带地区，其花形别致、花大色艳，是兰科植物中最受欢迎的一种类型。蝴蝶兰作为“洋兰皇后”，常被认为是“爱情、纯洁、美丽”的象征，因此在国际花卉业中具有较高的声望。

蝴蝶兰的主产地在亚洲，泰国、新加坡、马来西亚、菲律宾等地均盛产蝴蝶兰，日本是亚洲最大的蝴蝶兰进口国。近年来，南美国家也开始生产蝴蝶兰，主要出口美国、加拿大。20 世纪 90 年代，我国开始大规模生产蝴蝶兰，广东、福建、云南、江苏等省份也都建立了一定规模的生产基地。随着国内市场需求的逐渐增加，蝴蝶兰的生产在我国的前景非常可观。

图 4-5　蝴蝶兰

（1）外植体

选取蝴蝶兰品种幼叶，将其用作离体培养材料。

（2）培养条件

诱导培养基为 MS + BA 3.0 mg/L + NAA 0.2 mg/L，继代培养基为 MS + BA 2.0 mg/L + NAA 0.5 mg/L，在两种培养基中分别加入蔗糖 20 g/L、琼脂 12 g/L、椰汁 200 mL/L。育苗培养基为 1/2MS + IBA 1.5 mg/L + NAA 0.05 mg/L，再加入蔗糖 20 g/L、琼脂 12 g/L、活性炭 5 g/L、椰汁 200 mL/L。除此之外，还应将培养温度控制在 25 ~ 28 ℃，每天保证 10 ~ 12 小时的光照，且将光照强度控制在 1600 ~ 2000 lx。

（3）培养方法与生长分化情况

①外植体接种。从蝴蝶兰植株上取下幼叶，用自来水冲洗干净后放入烧杯待用。在超净工作台上，先用 75% 的乙醇对烧杯内的叶片进行约 30 秒的消毒，再用无菌水清洗 2 ~ 3 遍，并用 0.1% 的升汞溶液浸泡 11 分钟，最后用无菌水冲洗 4 ~ 5 遍。用无菌手术刀将叶片切成 5 mm × 5 mm 的小块，将其平放或按极性接种在诱导培养基上，保持近轴面向上。

②原球茎的诱导与增殖。将幼叶切块放在诱导培养基上培养 1 ~ 2 个月后，每个叶片组织上均会产生 1 ~ 7 个原球茎，将原球茎取出并切割成几个小块，再将其转入继代培养基中进行增殖培养。大约 60 天后，再次进行分割转移，这种方式有利于原球茎的成倍增长。

③小植株的培养。将无须继代的原球茎转移到育苗培养基上分化出芽，直至其发育为丛生小植株。在无菌环境下将丛生小植株切开并转入育苗培养基上培养，当小植株生根并长到一定高度时，将其移入温室。在切开丛生小植株时，应注意将基部未分化的原球茎和刚分化的小芽接入诱导培养基中用作种苗。经过一段时间后，长大的种苗可移出种植，小苗和原球茎也可继续增殖并分化。

④移栽及管理。当小植株长至4 cm，长出叶3～4片、根2～3条时，即可移栽。将小植株连瓶移入温室两周左右，然后打开瓶塞炼苗3～5天，将苗取出后用水冲洗掉植株根部的培养基，并将根部置于70%甲基托布津溶液中消毒4小时，此时药液浓度应为1500倍。将苗上的水分吸干后阴晾1小时，再将苗定植于水苔育苗盘中，遮光50%，温度控制在18～28 ℃，湿度以80%～90%为宜。两周后，逐渐将光照强度提升至6000～8000 lx。

6. 矮牵牛

矮牵牛（图4-6）又名番薯花、碧冬茄，茄科矮牵牛属，多年生草本植物。矮牵牛花期长且色彩繁多，在夏季会不断开花，因此在园林装饰方面应用广泛，多用于美化花坛。

图4-6　矮牵牛

（1）培养基

在实际操作中，矮牵牛的培养基需根据不同培养阶段进行具体选择：芽诱导可选用BA 0.5 mg/L的培养基；根诱导可选用NAA 0.05 mg/L的1/2MS培养基；继代培养可选用BA 0.03 mg/L的MS培养基。无论选择哪种培养基，都需要添加蔗糖30 g/L、琼脂6 g/L，并将pH调整至5.8。

（2）外植体处理

将嫩叶作为矮牵牛的外植体，能够获得较好的组织培养效果。可提前2～3周把母株放在温室内培养，不可喷水，并在接种前剪下健壮无病的嫩叶，对其进行消毒后备用。

（3）培养条件

将已经灭菌的嫩叶切成5 mm见方的小块并接种到芽诱导培养基上，2～3周后会有愈伤组织出现，随着培养的持续进行，愈伤组织上会出现绿色的凸起，而这些凸起会在日后分化为嫩茎。将成丛的嫩茎切割为1 cm见方的小块，并将其转接到继代培养基上。当嫩茎长至1～1.5 cm时，可将其剪下用于诱导生根。此时，应将培养温度控制在22～25 ℃，每天保持10～12小时的光照，且光照强度为1500～2000 lx。

（4）试管苗管理

当嫩茎长出5～7条长约1.0 cm的新根时，即可进行移栽，且基质可选用经过灭菌处理的蛭石。在移栽前期，空气湿度应保持在80%～90%，遮光率应为60%，温度应控制在16～20 ℃。矮牵牛喜微潮偏干的土壤，因此浇水不宜过量，且在定植时不必施用基肥。

二、木本园林植物组织培养

根据观赏价值的不同，木本园林植物可分为观叶、观花、观果、观芽等类型。在木本园林植物中，属于裸子植物的有松科、柏科、苏铁科等9个科，属于被子植物中的单子叶植物的有禾本科、棕榈科、百合科3个科，属于被子植物中的双子叶植物的有木兰科、牡丹科、山茶科等52个科。一般情况下，观叶类型的木本园林植物常通过种子播种进行繁殖，而观花、观果类型的木本园林植物则常用扦插、分株、压条等方法进行无性繁殖，且繁殖率普遍不高。因此，植物组织培养技术开始广泛应用于木本园林植物的培养中。

对木本园林植物而言，植物组织培养技术具有以下作用：①促进木本园林植物无性系的快速繁殖；②获得各种树种的优良品种；③加快名贵材料和稀有种质的增殖；④通过脱毒得到无病毒苗，提高种性；⑤在诱发突变、细胞融合、培育新品种、进行染色体工程等方面具有较大潜力。但总的来说，木本植物的离体培养难度整体高于草本植物，因此，能够成功进行组织培养的木本植物的种类也要少于草本植物。

（一）木本园林植物组织培养概况

1. 外植体的种类

从理论上讲，植物细胞具有全能性，因此，无论选择将植物的哪个部位作为外植体，都应能够诱导成株。然而实际上，多数木本植物均为异花授粉植物，不同组织或部位的器官发生能力有着较大差别，很难获得统一的培养效果。所以在实践过程中，木本园林植物组织培养所用的外植体多为树木的幼年组织，如芽、胚、茎尖、子叶等，具体如表 4–1 所示。

表 4–1　常见木本植物及其外植体

种类	外植体	种类	外植体
银杏属银杏	茎段	山茶属山茶	嫩茎
南洋杉属南洋杉	幼苗茎段	木槿属扶桑	茎段
雪松属雪松	实生苗茎段	黄栌属紫叶黄栌	顶芽、腋芽
变叶木属变叶木	胚乳	柳属金丝垂白柳	顶芽、腋芽
杜鹃花属杜鹃	茎尖	侧柏属金黄球柏	鳞叶茎段
柑橘属四季橘	种子	连翘属金叶连翘	嫩茎
蔷薇属月季	茎尖	卫矛属金叶卫矛	带腋芽茎段
芍药属牡丹	茎尖	风箱果属金叶风箱果	顶芽、腋芽

（1）带芽的外植体

带芽外植体主要包括茎尖的顶芽、腋芽、根茎连接处的萌蘖等，常用于树木的离体快速繁殖。以茎尖为外植体进行快速繁殖时，一般需要抑制主轴的发育，以促进腋芽的大量萌动，继而提升繁殖系数。根茎连接处的萌蘖往往具有比成熟芽更加强大的增殖潜力，这种潜力尤其体现在生根方面。月季的组织培养常用茎尖作为外植体，遗传性状较为稳定，而杨树多以芽为外植体。

（2）胚

这里的胚主要指在自然状态下经过受精后发育而成的合子胚及各个时期的胚，也包括通过试管授精而发育的胚。胚上一般带有极其幼嫩的分生组织细胞，且这种细胞均已经过有性过程带来的完全复壮，因此极易培养成功。

利用胚状体来繁殖苗木不仅分化效率高、数量大，而且遗传性十分稳定，因此是最为理想的一种方法。目前已有 30 多种松柏类植物可诱导出体细胞胚，其中，火炬松、日本落叶松、油松、挪威云杉等10余种松柏类植物均已借助体细胞胚获得了再生植株。

（3）分化的组织器官

用于分化的组织器官主要包括嫩茎、嫩叶、根、花瓣、花萼、珠心等二倍体组织。研究表明，花器官的二倍体细胞与复壮的性细胞十分接近，且因为分生细胞的复壮多发生在花器官形成之前，因此，将减数分裂前的幼嫩花序和减数分裂后的珠心组织作为外植体进行培养，更容易获得不定胚。对木本园林植物器官发生植株再生的研究，主要集中在松树、杨树、桉树、榆树、云杉、刺槐、泡桐、悬铃木等植物上。

（4）花粉及雌配子体中的单倍体细胞

此类细胞为经过减数分裂后完全复壮的细胞，其染色体数大多只有体细胞的一半，但在接种时常常用于接种整个花药及未授粉的子房或胚珠。

2. 外植体的选择

外植体选择的正确与否会对离体繁殖的效果产生十分重要的影响，不同的年龄、基因型、生理状态对组织培养的反应各不相同，会直接影响到繁殖的效果与成本。

（1）树体的选择

树体表型应具有良好的性状特征，对病害的抵抗性、对不良环境的抵抗性、本身所具备的观赏性等，均应成为选择母树时的参考依据。

（2）外植体的增殖能力

外植体应具备较强的增殖能力，在培养过程中需不断筛选增殖能力最强的材料，也可通过实验筛选出用于繁殖不同基因树种所需的特殊培养基。

（3）外植体的长度

外植体的表面积、体积、细胞数目等都会影响到植物组织培养的效果。以麝香石竹为例，如果其外植体的长度小于2 mm，只能长出根来，如果外植体的长度大于7.5 mm，则会有病毒存在，因此应将麝香石竹的外植体长度控制在2～5 mm，才能取得最好的培养效果。

（4）外植体的位置

外植体位置的选择同样十分重要，如在玫瑰的茎尖培养中，以顶芽为外植体的培养成功率普遍高于侧芽。

（5）取外植体的季节与时间

取芽的季节和时间也应被列入外植体选择的考虑范围中。将处于休眠后

期、即将萌动的芽作为多数木本植物的外植体，总的来说是可行的。在对某些树种进行胚培养时，应首先打破其休眠期，如火炬松种子的培养如在层积处理后进行，其子叶就能产生更多的芽。

3. 外植体褐变的防止方法

褐变现象是阻碍木本植物诱导脱分化和再生芽的重要因素之一，植物组织培养常常因此而无法得以继续，如何防止外植体发生褐变将成为木本植物组织培养面临的一个重要问题。

（1）选择合适的外植体

在选择外植体时，一般以处于生长旺盛期的外植体为宜，这类外植体能够有效减轻褐变现象。

（2）选择合适的培养条件

对某些植物而言，培养基中无机盐的浓度过高会导致酚类外溢物质的大量产生，继而造成外植体的褐变。有些植物可以在液体滤纸桥上进行接种培养，这样有利于变褐物质的扩散，减缓外植体褐变。

（3）使用抗氧化剂

在培养基中使用半胱氨酸、抗坏血酸、柠檬酸等抗氧化剂，能够有效缓解外植体的褐变现象。使用 0.1%～0.5% 的活性炭对防止褐变也有比较显著的效果。

（4）连续转移

从成年木本园林植物中取下的外植体一般比从幼年植物中取下的更容易褐化，这可以通过在新鲜培养基上进行多次转移的方法加以解决。在沙棘嫩茎的愈伤组织培养中，及时转移培养材料，并保证继代周期不超过 4 周，将有助于缓解愈伤组织的褐变。

4. 培养程序

木本园林植物的组织培养程序一般包括 3 个阶段，具体如下。

（1）建立阶段

该阶段需要解决的最大问题是如何打破侧芽的休眠状态，一般可通过温度控制和药物处理等方式得以实现。污染问题是该阶段需要解决的又一问题，由于木本园林植物多为多年生植物，母株带菌较多，导致接种后会带来较为严重的污染，因此应注意从无病清洁株中取材。

（2）增殖阶段

木本园林植物的生长周期普遍长于草本植物，增殖数量也较少，因此要注意选择合适的培养基，以免培养基变干、养分流失。

（3）生根、锻炼、移植阶段

这是木本园林植物培养过程中难度最大的一个阶段，主要是因为木本植物根的诱导明显难于草本植物，尤其是成年材料更加不易生根。针对这一问题，微芽嫁接是目前最为有效的一种解决方法。

5. 培养基

（1）生长调节物质

激素的种类和浓度对植物组织的培养结果具有重要影响，尤其是细胞分裂素和生长素的浓度配比，对培养结果的影响更为明显：浓度比例偏高时，有利于分化；浓度比例适中时，有利于芽的生长；浓度比例偏低时，有利于生根。

不同种类或同一种类不同品种的木本园林植物对外源激素水平的要求也各不相同，主要受季节及材料的种类、部位等因素的影响。因此，在筛选木本园林植物培养基时，应重点关注所添加激素的种类与浓度。

（2）蔗糖

多数情况下，蔗糖的浓度会保持在2%~3%，但不同植物对糖类的反应也会存在较大差异。对杨树培养基而言，如果蔗糖浓度超过3%，愈伤组织就会开始变黑、老化，而蔗糖浓度过低又会不利于愈伤组织的诱导与分化。为促进木本植物的生根，可使用低浓度的糖，以减少生根过程中愈伤组织的形成，保证生长出的根的质量及苗的存活率。

（3）琼脂

固体培养中的琼脂浓度为0.6%~0.8%。一般来说，在条件允许的情况下，应尽量降低琼脂的浓度，这是因为如果培养基过硬，会使培养物无法与培养基紧密接触，导致因无法很好地吸收养分而变黄。但对有些植物而言，如果琼脂含量过低则容易造成试管苗水势高，继而玻璃化的问题，如柿树。因此，琼脂的浓度设置问题还需通过大量实验进行具体探索。

（4）活性炭

活性炭并非组织培养的必需成分，但在实际应用中，活性炭能够明显促进部分植物芽和根的生长，如土柠檬、甜樱桃等。活性炭对外植体褐变的抑制作用主要体现在两个方面：①吸附培养基中的酚类物质，以减轻其对培养物的毒害；②降低光照强度。

（二）主要木本园林植物的组织培养

1. 银杏

银杏（图4-7）又名白果、公孙树，是典型的雌雄异株裸子植物，属落叶大乔木，高度可达40 m，胸径可达4 m，树体雄伟，叶形奇特优美，园林、寺庙中多有栽培，与牡丹、兰花并称为“园林三宝”。

自20世纪80年代以来，银杏在食品、医药、木材、绿化、保健等领域得到了广泛的开发和利用，这给银杏的繁殖和育种带来了全新的挑战。由于银杏属雌雄异株植物，一般在实生苗定植后20～30年才能开花结果、分出雌雄，按照常规的育种方法将难以满足市场需求，因此，研究银杏的组织培养和遗传转化具有重要的现实意义。

图4-7　银杏（叶）

（1）器官培养

取材时间一般以4月中下旬为宜。在选取外植体时，应从萌生的幼嫩枝条上剪取幼叶、茎尖和茎段，再将其置于70%的乙醇中浸泡1分钟，在0.1%的升汞溶液中浸泡10分钟，并用无菌水冲洗多次。将叶片剪成0.5 cm×0.5 cm的小方块，并保留长约1 cm的茎尖、茎段，进行接种。诱导银杏茎尖组织的愈伤组织和胚茎时，一般会选用经过改良的White培养基。

（2）胚培养

子叶、胚珠、叶片、胚、下胚轴等都是较为合适的外植体。在进行银杏幼胚培养时，应首先去除银杏骨质中的种皮，将种仁（即胚乳）用70%的乙醇消毒2～3分钟，再将其放入0.1%的升汞溶液中抽气减压灭菌20分钟，而后用无菌水漂洗干净，在无菌条件下挑出种胚，用灭菌滤纸吸干水分后接种在培养基上。

（3）愈伤组织培养

银杏愈伤组织诱导及生长状况与培养基、激素、无机盐的含量有关。充足的铵态氮和铁离子供给，将有助于愈伤组织的诱导。诱导银杏愈伤组织的适宜温度应在 24 ℃左右，温度过低会导致培养物的生长停顿，温度过高则会使愈伤组织因老化而变褐。

（4）细胞培养

对银杏细胞进行培养的主要目的是提高培养细胞的生长速率，增加银杏内酯、黄酮的含量。不同外植体愈伤组织中黄酮的含量排序为：叶 > 茎段 > 子叶，胚 > 胚乳 > 幼叶。

2. 牡丹

牡丹（图 4-8）为落叶灌木，是一种原产于我国的传统名花，因雍容华贵、绚丽端庄的外形而被誉为“花中之王”。牡丹花大而艳丽，被视为繁荣、富贵的象征。牡丹的根皮可入药，加工后的成品为“丹皮”；牡丹的花瓣可用来酿酒，还可作为化妆品的原料。可见，近年来我国牡丹的社会需求量越来越大。

传统的牡丹种植方法包括播种法、分株法、嫁接法、压条法等，这些方法均需要大量的原始繁殖材料和较长的繁殖时间，一般情况下，一株商品种苗的生产大概需要花费 3 年时间，这将严重限制牡丹的大规模生产。组织培养技术则能够帮助牡丹在短期内获得大量优良品种，并为新品种的培育扫除技术障碍。

图 4-8　牡丹

（1）外植体的选择及处理

牡丹的外植体最佳取材时间在 2 月，可选择的外植体种类包括腋芽茎尖、花芽、种胚、花药、嫩叶、叶柄、顶芽等。其中，顶芽和叶柄是最为理想的用于诱导愈伤组织的材料，具体做法为：用流水冲去带芽茎段上的浮土，将芽剥离枝条，加入适量洗洁剂浸泡 20 分钟，再用毛刷洗去鳞片包裹的尘土，用吸水纸吸干所带水分后，将其置于超净工作台上进行消毒处理。

（2）培养基

牡丹组织培养常用的基本培养基包括 MS 培养基和 1/2MS 培养基。在培养基中添加生长素 IAA 或 NAA 有助于提高增殖倍数，但同时也会抑制芽的生长。

（3）培养条件

牡丹组织培养要求温度保持在 24 ~ 26 ℃，光照为 1500 ~ 2000 lx，光照时数为每天 10 ~ 12 小时（采用日光灯照明），pH 为 5.8 ~ 6.0。

（4）生根培养

生根培养的方法一般包括 3 种：①一步生根法，指在含有低浓度 IBA 的培养基上连续培养；②速蘸法，指将微插条的基部在 IBA 溶液中浸泡一段时间后，再将其转接到有活性炭但无激素的培养基上；③两步连续生根法，指先在根诱导培养基上培养，再移至不含激素、含活性炭的根形成培养基上培养。

3. 雪松

雪松（图 4-9）与日本金松、南洋杉被并称为世界三大庭园观赏树种，其树姿雄伟、树形优美，为常绿乔木，高度可达 60 m。雪松主干下部的大枝自近地面处平展，常年保持不枯，树冠繁茂雄伟，因此最适合种在草坪中央、广场中心、建筑前庭中心及大型建筑物两侧。此外，雪松还具有较强的防尘、降噪、灭菌等功能。

雪松在树龄达到 30 年时才会开花结实，自然授粉比较困难，人工授粉有助于获得饱满的种子。目前，雪松常用的繁殖方式为扦插繁殖和播种育苗，组织培养方法可加速其苗木的繁殖。

（1）培养程序与培养基

以雪松一年生实生苗幼嫩茎段为外植体，经过筛选后诱导雪松茎段形成愈伤组织，并分化出芽，所用培养基为 MS + BA 2 mg/L + NAA 0.5 mg/L。如有必要，还需在培养基中加入维生素 C 和活性炭，以吸附有毒物质。

图 4-9　雪松

（2）操作技术要点

①剪下雪松的一年生实生苗侧枝，用流水冲洗 2～4 小时。

②在超净工作台上将剪下的侧枝放入 75% 的乙醇中浸泡 30 秒，而后立刻将其投入 0.1% 的升汞溶液中浸泡 10 分钟，并用无菌水冲洗 10 分钟，用滤纸吸干水分后备用。

③将茎段切成 0.5 cm 长的小段，按照原生长方向与培养基平面成 60°的角度将小段插入培养基中。

④培养温度为 23～27 ℃，光照时间为每天 10 小时，光照强度为 1500～2000 lx。进入生根培养阶段后，可将光照条件改为室内自然漫射光，培养温度也可降至 18～22 ℃。

（3）培养时间与诱导频率

雪松从茎段接种到诱导成苗需要 120～150 天，从成苗到生根又要 30～60 天，也就是说，雪松从接种到将试管苗移栽至土壤中，总共需要 150～210 天的时间，远长于其他多数木本植物。成年雪松茎段的成苗诱导率只有 10% 左右，而一年生实生苗接种的雪松茎段成苗诱导率则高达 70%。

（4）小植株的移栽

将分化出的雪松小植株在激素中处理 2 小时后，直接插入蛭石与腐殖土为 1∶1 的混合土中，等小植株生根后立刻将其移栽至一般的土壤中。

4. 火炬树

火炬树（图 4-10）因其雌花序和果序均为红色且形似火炬而得名，是一种高 3～8 m 的大灌木或小乔木。冬季落叶后，仍可在雌株树上见到满树

“火炬”；秋季叶子颜色为红艳或橙黄，属于秋色叶树种。火炬树的适应性和抗盐碱性较强，可以在含盐量为3%的土壤中生长，常用于点缀山林秋色，也可用于防风、固沙、盐碱地造林。

火炬树“浑身都是宝”，树皮和叶中含有单宁，可用于制取鞣酸；果实中含有柠檬酸和维生素C，可作饮料；种子中含有油蜡，可用于制作肥皂和蜡烛；木材呈黄色，且纹理致密美观，可用于雕刻工艺品；根皮可药用。

图4-10　火炬树

（1）外植体的消毒和接种

剪取健壮的枝条并将枝条切成小段，在无菌环境下，将切段浸泡在70%的乙醇中，再用0.1%的升汞溶液浸泡8分钟，用无菌水冲洗5次，剥取0.5～1.5 mm的茎尖，接种到培养基上。大约20天后，茎尖组织开始变宽变长，并生出不定芽；50天后，茎尖会形成具有4～7个幼茎的丛状苗。

（2）培养条件

①培养基：MS培养基，其中蔗糖30 g/L，琼脂7 g/L，pH为6～6.5。

②培养温度：白天25～30 ℃，晚上15～20 ℃。

③光照时间：每天12小时。

④光照强度：2000～2500 lx。

（3）生根和小植株的形成

将1～2 cm的幼苗从愈伤组织中剥离，再转移到生根培养基上。选择蔗糖浓度为3%的N6基本培养基，此时大约会有35%的苗能够长出根系。向培养基中添加0.1 mg/L的IBA，可将生根率提高至50%。

（4）小植株的移栽

在进行移栽前应先将培养瓶的瓶塞打开，放置 3 ~ 5 天，使茎叶老化，而后将苗从培养瓶中取出，用自来水洗去根部所带的培养基，并将小植株放置在 20 ℃左右的培养室内，光照保持在 3000 lx 左右，注意在浇水时保持适当的浇水量。

第二节　球根和水生园林植物的组织培养

一、球根园林植物组织培养

（一）球根园林植物的概念及分类

1. 球根园林植物的概念

球根园林植物是指地下部分具有多种形状且肥大的茎或根、地上部分花开艳丽的多年生草本植物。变态的根、茎是球根园林植物对不良生长环境的一种生态适应。所谓球根，正是指此类植物在面对不良环境时，地下部分膨大成球状或块状的贮藏器官，这些球根会以休眠的方式度过寒冷的冬季或炎热的夏季，等到环境条件合适时，再度生长开花。

2. 球根园林植物的分类

球根园林植物的分类依据主要包括两种，即地下变态器官的形状和生态习性，下面将进行具体介绍。

（1）按照地下变态器官的形状分类

按照地下变态器官的形状，可将球根园林植物分为球茎类、鳞茎类、块茎类、块根类、根茎类 5 种类型，具体如表 4–2 所示。

表 4–2　球根园林植物的类型（以器官形状为依据）

器官形状	特征		举例
球茎类	地下茎短缩肥大，呈球状或扁球状，外部有明显的节，内部实心，质地坚硬		唐菖蒲、小苍兰、红花
鳞茎类	由多数肥厚鳞片着生于盘状茎上形成	有皮鳞茎：外被纸质外皮	水仙、风信子、郁金香
		无皮鳞茎：无外皮包被	百合、贝母

续表

器官形状	特征	举例
块茎类	地下茎肥大，呈不定形的块状体，顶端有发芽点着生	白头翁、花毛茛
块根类	主根肥大呈块状，外被革质厚皮，无芽眼着生	大丽花
根茎类	地下茎肥大，呈根状，上有明显的节，于节处生根，并会横生分枝	美人蕉、球根鸢尾

（2）按照地下变态器官的生态习性分类

按照地下变态器官的生态习性，可以将球根园林植物分为春植球根园林植物和秋植球根园林植物两种类型。

春植球根园林植物是指在春季将球根栽种后，经过夏秋开花，到了入冬时地上部分会枯死的球根园林植物，如唐菖蒲、美人蕉、鸢尾等。此类植物原产于热带、亚热带，生长季节要求高温，一般春季栽种，夏季生长最旺盛，深秋时节地上部分逐渐枯死，开始进入冬季休眠期。

秋植球根园林植物是指在秋季天气转凉时开始生长发育，到春季至初夏时开花的球根园林植物，如郁金香、水仙、风信子等。此类植物原产于温带，耐严寒，地下部分从秋季开始萌发抽生，春季天气转暖后，地上部分迅速抽叶开花，进入夏季，地下贮藏器官开始进行花芽分化，地上部分生长势头减弱并逐渐枯黄，夏季休眠开始。

（二）主要球根园林植物组织培养

1. 百合

百合（图4-11），百合科百合属，多年生草本植物，是著名的球根园林植物。百合的地下鳞茎具有十分重要的食用和药用价值。据统计，目前培育成功的百合种及杂种已有三四十种，包括麝香百合、轮叶百合、鹿子百合、天香百合、川百合、虎斑百合等。百合的鳞片、叶片、茎尖、花梗、花丝、花瓣、子房、胚胎等均可作为外植体进行离体培养，如利用鳞片能够直接诱导出小鳞茎或不定苗；利用茎尖、叶片、花梗等可直接诱导小鳞茎或不定芽再生植株；利用花丝可诱导愈伤组织再分化再生植株；等等。

（1）百合无性快速繁殖

①外植体选择。百合的鳞片、鳞茎盘、珠芽、叶片、茎段等部位均可作为其组织培养的外植体，并能够分化出苗。但无论选择哪种外植体，都需将其切割为5～8 mm的小段。

图 4-11　百合

②消毒处理。将洗净的材料用 70% 的乙醇浸泡 30～60 秒，再用饱和漂白粉上清液灭菌 10～20 分钟，用无菌水漂洗 4～8 次后，即可按照无菌操作的方法切块接种。

③培养基和培养条件。固体培养基的常用配方为 MS + 蔗糖 30 g/L；培养条件为 20～25 ℃的温度、800～1200 lx 的光照强度、每天 9～14 小时的光照时间、5.6～5.8 的 pH。

（2）百合脱毒

常见的百合病害包括百合真菌性病、细菌性病、病毒性病、生理性病等。百合病毒一直是阻碍百合生产的世界性难题，感染病毒的植株会出现严重矮化、叶片和茎秆生长畸形、鳞茎变小、花瓣枯斑等问题，因此，必须对百合的脱毒方法加以重视。

百合脱毒一般会首先采用茎尖培养的方式，研究表明，百合脱毒率与外植体的大小呈负相关性，因此，茎尖应小到足以根除病毒、并发育为完整植株的程度。百合茎尖的大小与脱毒效果的关系大致如表 4-3 所示。

表 4-3　百合茎尖大小与脱毒效果的关系

茎尖大小/mm	外植体数	成活数	成活率/%	鉴定株数	脱毒率/%
1.0～1.2	50	50	100	5	0
0.8～1.0	50	45	90	5	0
0.5～0.8	50	27	54	5	20
0.3～0.5	50	7	14	5	40
<0.3	50	0	0	0	0

由表4-3可知，决定茎尖培养脱毒效果的两个因素是茎尖的成活率和脱毒率。长度为0.8～0.9 mm的芽尖成活率虽高，但起不到脱毒的作用，只有接种小于0.8 mm的茎尖，才有可能获得无病毒的母株。从脱毒效果来看，0.3～0.5 mm的茎尖脱毒效果最佳，脱毒率可达40%，小于0.3 mm的茎尖则无法成活。综上，可得出以下结论：在一定范围内，茎尖越小，死亡率越高，成苗率越低，脱毒率越高；反之，死亡率会大大降低，但脱毒率也会较低，难以达到脱毒的目的。

2. 唐菖蒲

唐菖蒲（图4-12）又名菖兰、剑兰、扁竹莲等，鸢尾科唐菖蒲属，多年生球茎类植物。唐菖蒲花期长、花形变化多、花梗挺拔修长、花色艳丽多彩，常用于制作花篮和花束，也可用于布置花坛。唐菖蒲的球茎可作药用，其茎叶对有毒气体敏感，因此也常作为监测大气污染的指示植物。随着市场需求量的不断增大，唐菖蒲现已成为世界上最著名的切花品种之一。

唐菖蒲的组织培养具有分化快、成苗时间短、繁殖速度快、繁殖系数大等优点，可有效解决分植小球茎增殖率低的问题，对于长期无性繁殖所带来的病毒积累导致的植株变弱、花朵变小等问题，也有一定的改善作用。

图4-12　唐菖蒲

（1）唐菖蒲无性快速繁殖

①外植体选择。球茎切块、球茎侧芽、子球茎，以及未伸出叶鞘的花葶、花蕾、花瓣等，均可诱导产生唐菖蒲的再生植株。其中，效果最好的是包在叶鞘内的幼嫩的花葶，具有取样方便、利于表面灭菌、成苗时间短等优点。

②消毒处理。将洗净的材料用70%的乙醇浸泡30～60秒，饱和漂白粉上清液灭菌10～20分钟，无菌水漂洗4～8次，将未开放的花蕾消毒后切开，取其内材料接种。

③培养基和培养条件。对唐菖蒲而言，N6培养基的效果比MS培养基的效果更好，培养条件应保持温度20～24 ℃，光照时间每天10～16小时，光照强度800～2000 lx。

（2）唐菖蒲脱毒

茎尖培养技术能够有效解决唐菖蒲的病毒问题，具体步骤如下：①将唐菖蒲球茎置于2 ℃的环境中贮藏2～3个月，在分离茎尖前，再将其置于室温条件下几个星期；②在无菌条件下，将球茎外皮去掉，对球茎进行表面消毒，用无菌水仔细洗涤；③剥离长1～2 mm的茎尖，将其放在固体培养基上培养。

3. 仙客来

仙客来（图4-13）又名兔耳花、萝卜海棠、翻瓣莲等，报春花科仙客来属，多年生球茎类草本植物，原产于希腊、突尼斯等国，20世纪30年代开始传入我国，并很快扩散开来。仙客来具有极高的观赏价值，且花期主要集中在鲜花种类稀少的冬春季节，颇具“一枝独秀”的优势，因而广受人们喜爱。在欧洲，仙客来被誉为“十大盆花之一”；在日本，仙客来更是仅次于兰花的第二大盆花，市场价格极其高昂。

图4-13　仙客来

由于园艺仙客来多为杂种一代（F1），而变异性较大的传统种子繁殖难以保留F1的原有性状和杂种优势，因此，通过组织培养来维持仙客来的优

良性状和高繁殖率，具有十分重要的研究价值和商业价值。

（1）外植体选择

仙客来的块茎、幼茎、叶片、叶柄、子叶、花药、花蕊、原生质体等均可作为其外植体，其中，块茎、叶片和叶柄是最常用的外植体。

（2）消毒处理

将洗净的材料用75%的乙醇浸泡30～60秒，再用饱和漂白粉上清液灭菌10～20分钟，无菌水漂洗4～8次，即可按照无菌操作的规定切段接种。

（3）培养基和培养条件

仙客来常用的基本培养基有MS、1/2MS、1/3MS、N6、B_5等，其中最为常用也最为有效的是MS培养基。培养条件为温度20～25 ℃，光照时间每天14小时，光照强度1500～2000 lx。

4. 郁金香

郁金香（图4-14），百合科郁金香属，原产于地中海沿岸及中亚细亚，姿态亭亭玉立，以高贵、典雅著称，目前在欧美的种植范围最广，尤以荷兰为盛。近年来，我国各大中城市开始从荷兰等国进口大量郁金香并举办花展，获得了良好的社会效益和经济效益。

郁金香一般靠鳞茎自然增殖，每年约增殖3～5个子球，生产速度缓慢，且易被病毒感染，导致郁金香退化甚至死亡的现象十分普遍。因此，育种工作者需要尽快找到一种有效的快速繁殖方法，而组织培养正是解决上述问题的理想方式。

（1）外植体选择

在对郁金香进行组织培养时，一般会将鳞茎作为外植体，其次是叶片和

图4-14　郁金香

花茎，以花药、花丝、花瓣、子房等为外植体的情况整体偏少。

（2）消毒处理

将洗净的材料用70%的乙醇浸泡30～60秒，再用饱和漂白粉上清液灭菌10～20分钟，用无菌水漂洗4～8次。取未开放的花蕾，将其消毒、切开，取出内材料进行接种。

（3）培养基和培养条件

郁金香组织培养所用的基本培养基一般为MS固体培养基，其常用配方为MS＋蔗糖30 g/L，具体植物激素的种类及浓度应根据外植体的差异按需加入。郁金香的培养条件包括：温度为23～27 ℃，光照时间为每天9～12小时，光照强度为1500～2000 lx，pH为5.6～5.8。

二、水生园林植物组织培养

（一）水生园林植物组织培养的应用及现状

1. 水生园林植物组织培养的应用

水生园林植物组织培养的具体应用主要体现在离体快速繁殖、脱毒培养、新品种培育、种质资源保存等方面。

（1）离体快速繁殖

传统的水生植物繁殖方法所需周期长、繁殖系数低，难以满足市场需求和市场化生产的需要。植物组织培养则能够根据不同植物、不同离体部位的要求，对培养条件进行人为的控制，使植物在1～2个月内就能完成一个生长周期。组织培养有助于一次性获得大量基因型相同、规格统一的优质无性系水生植物苗木，所需成本较低，薄荷、莼菜、鸢尾、眼子菜等水生园林植物的组织培养均已获得巨大的经济效益和社会效益。

（2）脱毒培养

通过扦插、分株等营养繁殖方式获得的水生植物，极容易被病毒感染。长期的无性繁殖会使病毒不断累积，造成水生园林植物的品质下降。将水生植物的茎尖作为组织培养的外植体，能够有效脱除病毒、真菌和线虫，保持遗传的稳定性，在良好的培养条件下，使品种的优良性状得到充分的发挥，如经过组织培养后的莲藕能产生一定的脱毒种苗和茎尖培养苗。

（3）新品种培育

常见的水生植物新品种培育手段主要包括单倍体育种、远缘杂交、体细胞杂交育种、基因工程等，这些新型手段均以组织培养技术为基础，有助于

珍稀、优质的植物新品种的培育，能够有效满足医药、食品、绿化等方面的需求。

使用单倍体育种可以获得杂交育种上的纯系材料，有助于缩短水生植物的育种周期。利用基因工程技术对水生植物的功能基因进行克隆，再通过转基因技术将优良的基因引入水生植物，有助于培育出抗病、抗虫、抗除草剂等转基因植株，为高产、快速的良种选育提供重要的全新途径。

（4）种质资源保存

组织培养能够提供适宜的温度、湿度、光照、碳水化合物等，为水生植物的引种和种质资源保存提供便利，解决一些无法通过传统方法解决的问题。新品种的选育则可以为水生植物资源的遗传转化、植物种性的复壮、微型种质资源库的建立等创造条件，为水生观赏植物的转基因研究、原生质体培养、花药培养等提供种质资源。

2. 水生园林植物组织培养的现状

我国是世界上水生植物资源较为繁多的国家之一，仅高等水生植物就有近 300 种。但由于各种因素的影响，目前真正应用于园林绿化中的水生植物种类并不多，大多数具有较高观赏价值的水生花卉尚未得到开发和利用。因此，我们需要通过组织培养来加大对水生植物的开发力度，以满足园林绿化等领域对水生植物的需求。

（1）环境的控制

温度是影响水生植物生长发育最重要的环境因子，每种植物都有其能够适应的温度范围，一旦超过这个范围，植物便无法获得正常的生长发育。此外，不同水生植物对光照时间、光照强度、所施肥料、需浇水量等因素的要求差异明显，因此，在进行组织培养时，应对水生植物在生长过程中所涉及的一系列环境因子进行全面的了解，以获得良好的培养效果。

（2）培养基的选择

水生园林植物对培养基的适应性与植物本身的基因型、植物激素的使用配比密切相关，不仅不同品种的水生植物对培养基的适应度不同，甚至同一水生植物的不同部位也会对培养基提出不同的要求。培养基中的外源激素种类、激素浓度、激素配比方式等因素，均会对植物外植体的诱导和分化产生不同程度的影响，而植物材料基因型和生理状态的差异、对外源激素感应的差异，同样会影响到外植体的诱导率和增殖系数。

(3) 无菌材料的获得

由于水生植物的生长环境较为特殊，常常会受到严重的内生菌污染，因此，在组织培养过程中随时可能出现黄化、畸形、玻璃化等问题，十分不利于植物的快速繁殖。还有一些水生植物的茎尖虽然被多层鳞片包裹，但整体仍属于半包结构，容易滋生微生物，给彻底的消毒灭菌带来了极大的困难，也使无菌材料的获得成为一大难题。

(4) 试管苗的变异

培养基中的激素浓度影响着水生植物试管苗的变异，在高浓度的激素作用下，细胞分裂和生长的速度逐渐加快，不正常的分裂频率开始增加，再生植株变异的现象也越发明显。一些水生植物经过多代培养后，也会有部分性状发生变异。

(二) 主要水生园林植物组织培养

1. 荷花

荷花（图 4-15）又名芙蓉、芙蕖、莲等，睡莲科莲属，多年生挺水植物，花期 6—8 月，果期 8—10 月。荷花的花叶清秀、花香四溢，是一种常用于美化水面、点缀亭榭的观赏性材料，也是一种重要的经济植物和鲜切花材料。荷花具有出淤泥而不染、迎骄阳而不惧的气质，在人们心中不仅是真善美的化身，还是吉祥丰收的预兆，因此被视为佛教中神圣而洁净的名物。

图 4-15 荷花

在我国，荷花主要通过分藕和大面积缸栽、池植的方式加以繁殖和保存，总的来说，荷花的分藕繁殖系数较低，且由于冬季只能在田间保存，不仅会占用大片土地，还会明显增加长途运输成本，这些都是限制荷花种植业

进一步发展的主要因素。因此，研究荷花的组织培养和试管苗的快速繁殖，对于提高其繁殖系数、节约用于留种的土地、培育无病毒苗等具有重要意义。

（1）培养基配方

①诱导培养基：MS + BA 0.4 mg/L + GA 0.2 mg/L。

②增殖培养基：MS + BA 0.8 mg/L + GA 0.5 mg/L。

③生根培养基：MS + IBA 1.4 mg/L。

以上培养基均需附加琼脂 5 g/L、蔗糖 30 g/L，并将 pH 保持在 5.8。

（2）培养程序及条件

①外植体的采集与消毒。取荷花的冬眠种藕，用水将污泥洗净后，将茎尖和叶鞘一同切下，用 2% 的洗衣粉溶液进行洗刷，用自来水冲洗 30 分钟后将水分用纱布吸干，剥去外层叶鞘，置于超净工作台上，在 75% 的乙醇溶液中浸泡 1 分钟，用 0.1% 的升汞溶液消毒 10 ~ 12 分钟，再用无菌水冲洗 4 ~ 5 遍后，剥去内层叶鞘。

②诱导培养。将剥去内层叶鞘的种藕接种在诱导培养基上，20 天后，芽的诱导率可达 80% ~ 90% 。

③增殖培养。将已发芽且带有幼叶的小苗转至增殖培养基内，25 天后，增殖效果明显。交替使用固体培养基和液体培养基能够使增殖效果达到最佳。

④培养条件。培养室的恒温为 25 ℃，光照时间为每天 14 小时，光照强度为 2000 lx。

（3）移栽定植

把培养瓶移出培养室，在室温下进行为期 5 天的炼苗，而后打开瓶盖再炼苗 2 天，取出苗并洗净根上的培养基，在自来水中放置 2 ~ 3 天（每天换水）后，将其种植在由腐叶、河泥、园土（比例为 1∶3∶4）混合而成的基质中，加入营养剂，再经过高温灭菌，生根率可达 72.7% 。

2. 薄荷

薄荷（图 4-16）又名野薄荷、水薄荷等，唇形科薄荷属，多年生宿根性草本植物，其茎呈匍匐根状，高 30 ~ 60 cm，直立，多分枝，香气强烈。

对薄荷进行组织培养有助于克服在常温下不易保存种子、在田间繁殖时易受气候影响、在北方地区易受季节限制等缺陷，也可以用以促进薄荷的诱变育种和种质保存，保证遗传方面的稳定性。在良好的培养条件下，薄荷品种的优良性状能够得到充分的发挥。研究表明，将茎段作为薄荷的外植体进行组织培养，生根率可达90%以上，移栽成活率更可高达98%。

图4-16　薄荷

（1）培养基配方

①诱导培养基：MS培养基。

②增殖培养基：MS+6-BA 2.0 mg/L+NAA 0.2 mg/L。

③生根培养基：1/2MS+6-BA 1.0 mg/L+NAA 0.2 mg/L。

以上培养基均需附加0.55%的贝利凝和3%的蔗糖，并将pH调至5.8。

（2）培养程序及条件

①外植体的采集与消毒。从生长旺盛、无病虫害的薄荷植株上切取长约0.5 cm的茎段，将其放入烧杯并用溶化均匀的洗衣粉振荡摇匀，再用自来水冲洗20分钟并沥干水分，置于超净工作台上后用解剖镜切取薄荷的茎尖，用75%的乙醇浸泡并摇动15秒，用无菌水快速冲洗1~2次，用0.1%的升汞溶液浸泡摇动8分钟，用无菌水冲洗6~8次，将外植体置于无菌滤纸并吸干表面水分后，切取长约1 cm的茎尖以备接种。

②芽分化与增殖培养。将0.5~1 cm的茎段接种于花茎芽丛分化培养基上，分化率可达70%，一定天数后再将茎段接种到继代增殖培养基上进行继代增殖培养。

③生根培养。当继代增殖培养基上的芽高约5 cm时，可将其接种到生根培养基上进行生根培养，20天后，根系生长正常且健壮。

④培养条件。培养室的温度为22~25 ℃，光照时间为每天16小时，光照强度为1000 lx。

（3）移栽定植

将长有生根苗的三角瓶放在散射光下炼苗 3 天，用镊子取出小苗并洗去其根部的培养基后，将其栽植到由蛭石和细沙（比例为 1：1）构成的基质中，置于半阴处，7 天后再移植到培养土中，成活率可高达 98%。

3. 鸢尾

鸢尾（图 4-17）既是一种著名的观赏花卉，也是一种名贵的香料植物，其花大、色艳、花型奇特，因而被广泛应用于园林和鲜切花。分株法是鸢尾类植物常用的繁殖方法，受生长阶段和品种的限制，一般每 3 年分株 1 次，繁殖率较低。器官离体培养能够有效促进鸢尾的快速繁殖，近年来，有关不同激素水平对鸢尾花茎离体培养效果的影响，以及适用于鸢尾花茎的培养基选择等方面的研究也开始逐渐成熟起来。

图 4-17　鸢尾

（1）培养基配方

①诱导培养基：MS + 6 – BA 1 ~ 2 mg/L + IBA 0. 5 ~ 1 mg/L + 蔗糖 3%。

②增殖培养基：MS + 6 – BA 1 ~ 2 mg/L + IBA 0. 5 ~ 1 mg/L + 蔗糖 3%。

③生根培养基：1/2MS + IBA 0. 5 mg/L + NAA 1 mg/L + 活性炭 0. 3% + 蔗糖 1. 5%。

以上培养基均需附加 0. 8% ~ 1. 0% 的琼脂，并将 pH 调至 5. 8 ~ 6. 2。

（2）培养程序及条件

①外植体的采集与消毒。取鸢尾的健壮花茎，用水冲洗并去除部分外叶后，将其在 70% 的乙醇中浸泡 30 秒，再在 0. 1% 的升汞溶液中进行 10 分钟的消毒，并用无菌水冲洗 3 次。用无菌滤纸吸干表面水分后，将其切成

0. 5 ~ 1 cm 的茎段备用。

②芽分化和增殖培养。将 0. 5 ~ 1 cm 的茎段接种到花茎芽丛分化培养基上，分化率可达 70% 。一定天数后，将其接种到继代增殖培养基上进行继代增殖培养。

③生根培养。当继代增殖培养基上的芽高约 5 cm 时，将其接种到生根培养基上进行生根培养，20 天后，根系生长正常且健壮。

④培养条件。培养室的温度为 22 ~ 25 ℃，光照时间为每天 16 小时，光照强度为 1000 lx。

（3）移栽定植

从三角瓶中取出试管苗，用自来水冲净根部的参与培养基，先将试管苗移栽至蛭石中，10 天后再转入由腐叶土和沙质土（比例为 1 ∶ 1）构成的混合土中，注意浇水，成活率便可达 75% ~ 100% 。

4. 凤眼莲

凤眼莲（图 4–18）又称水葫芦，雨久花科凤眼莲属，多年生漂浮草本。凤眼莲株形奇特，株高 30 ~ 50 cm，叶柄奇特，叶色绿亮，十分耐看。7—8 月为凤眼莲的花期，花序可作切花，果期为 9—10 月。凤眼莲作为一种品质良好的绿化植物，其绿油油的叶片、蓝紫色的花朵，能够给周边环境增添一分水乡特有的清凉之感，使人暑气全消。

图 4–18　凤眼莲

凤眼莲的用途十分广泛，不仅可作饲料、肥料，还能够净化水体中的有机物、重金属等污染物质，具有极强的富营养化水体治理能力。以幼嫩植株为外植体对凤眼莲进行组织培养和快速繁殖，能够有效解决市场对凤眼莲的大量需求问题。

（1）培养基配方

①启动培养基：MS 培养基。

②诱导培养基：MS +6 – BA 3. 0 mg/L。

③生根培养基：MS +6 – BA 1. 0 mg/L + GA_3 0. 2 mg/L。

以上培养基均为液体培养基，pH 为 5. 5。

（2）培养程序及条件

①外植体的采集与消毒。将在自然状态下生长的凤眼莲幼嫩植株用自来水冲洗干净，剥去外层叶片并切除根部后，用 0. 05% 的升汞溶液进行 8 ~ 12 分钟的表面灭菌，再用无菌水冲洗 3 ~ 5 次。

②启动培养。将幼嫩植株接种到启动培养基上培养，所形成的无菌苗可作为组织培养的起始材料。

③不定芽的诱导培养。将凤眼莲幼苗置于低温（4 ℃）环境中预培养 1 ~ 3 天，切取长约 0. 5 cm 的茎段并接种到诱导培养基上，可直接分化出芽，注意及时将分化出的不定芽转移到低激素浓度的培养基上。

④生根培养。凤眼莲的小苗能够在生根培养基上分化出不定根，并进一步长成发达的根系。

⑤培养条件。培养温度为 24 ~ 26 ℃，光照时间为每天 12 小时，光照强度为 2000 lx。

（3）移栽定植

凤眼莲对水质的适应性较强，在移栽前炼苗 4 ~ 5 天并洗净苗上的培养基后，即可将其移至水族箱里或在池中进一步培养，待苗生长健壮后便可移栽定植。

第三节　蕨类和多肉类园林植物的组织培养

一、蕨类园林植物组织培养

蕨类植物属于高等植物中相对低级的一类植物，旧称“羊齿植物”，多数为草本植物，其余少数为木本植物。由于形态独特且具有较强的无性繁殖能力，蕨类植物常被用于绿化庭院和住宅，也有一些藤本种类可用来制作编织品。我国拥有世界上种类最多的蕨类植物，蕨类植物光泽的叶片、奇特的株形、飘逸的叶姿使其顺利进入我国的花卉市场，并迅速获得了广大消费者的喜爱。

（一）蕨类园林植物组织培养的途径

1. 以孢子为外植体的途径

在自然条件下，蕨类植物可通过叶腋和叶背产生的孢子进行繁殖。一般情况下，孢子接种后会在2～4周内萌发，但也有一些蕨类植物由于具有休眠期，因此萌发时间可能会长达1～2年，如桫椤。针对类似桫椤的休眠期较长的蕨类植物，可通过使用赤霉素的方式打破其休眠状态，如用50 mg/L的赤霉素对桫椤孢子处理2～5分钟，便可将其孢子萌发时间从1年缩短至2个月。

在原叶体的生长和发育阶段加入一定的细胞分裂素和糖，对原叶体的发育和孢子体的形成具有一定的促进作用，培养基中的琼脂浓度、培养温度和pH对原叶体的生长也有一定的影响。原叶体的培养既可选择半固化培养基，也可用液体培养基进行悬浮培养，一般来说，液体培养基所取得的增殖效果会优于半固化培养基。

2. 以孢子体为外植体的途径

利用蕨类植物的根状茎、嫩叶、匍匐茎、鳞片、茎尖等孢子体通过愈伤组织、不定芽等进行试管增殖，是蕨类植物组织培养的又一途径。

（1）基本培养基的选用

在蕨类植物的组织培养中，大多选用MS作为基本培养基，而培养基中的无机盐浓度则会直接关系到蕨类植物的组织培养效率。大量实验结果证明，1/4MS适用于肾蕨属（MS对肾蕨属的器官具有抑制作用，稀释MS能够有效解除这种抑制），1/2MS适用于荚果蕨，鸟巢蕨则最好选用全量的MS。

（2）植物生长调节剂的选用

在肾蕨属植物的根状茎尖培养中，萘乙酸（NAA）、激动素（KT）能够促进芽的形成和增殖，苄氨基嘌呤（BA）则会起到一定的抑制作用。一般认为，KT和NAA能够形成最佳的激素组合，且应将KT保持在1～2 mg/L，将NAA保持在0.1～10 mg/L。

（二）蕨类植物组织培养中世代转换的诱导及调控

蕨类植物在面对环境条件的变化时，通常会选择利用捷径来完成其生殖过程，这里的捷径主要是指无配子生殖和无孢子生殖。无配子生殖是孢子体无须性器官的介入，便可直接由配子体的营养细胞衍生而来；无孢子生殖则

是指孢子体直接衍生出配子体，经过配子融合而形成多倍的孢子体。组织培养条件能够明显促进配子体世代和孢子体世代的直接转换。

1. 培养基成分

培养基中糖的浓度对世代转换调控具有重要作用，即高糖有利于无配子生殖，低糖能够促进无孢子生殖。进行原叶体培养时，定期更换新鲜培养基可促进无配子生殖的发生，在培养基中加入琥珀酸、吲哚乙酸（IAA）同样能够诱发无配子生殖，0.1～1 mg/L 的 NAA、BA、KT 等则有助于诱导无孢子生殖。

2. 培养条件

对无配子生殖的启动而言，光所起到的作用是至关重要的。在黑暗中，无论糖的浓度如何，均无法诱导无配子生殖。蕨类组织培养的温度以 24 ℃为宜，pH 一般控制在 5.4～6.0 的效果是最好的。

（三）主要蕨类园林植物组织培养

1. 铁线蕨

铁线蕨（图 4-19）是蕨类植物中最具观赏价值的小型室内盆栽植物，姿态文静、叶形优美，因而深受人们喜爱。用传统的分株繁殖法对铁线蕨进行培育，不仅繁殖速度慢，而且会造成根茎老化、植株过高等问题，降低其观赏价值。而组织培养技术则能够明显提高其繁殖系数，恢复该品种的观赏特性。

图 4-19　铁线蕨

（1）愈伤组织培养基和培养条件

①愈伤组织诱导培养基：MS + 6 - BA 2.0 mg/L。

②愈伤组织继代增殖培养基：MS +6 - BA 1.0 mg/L。

③愈伤组织分化培养基：1/2MS +6 - BA 0.5 mg/L。

④再生植株壮苗培养基：l/2MS +6 - BA 0.1 mg/L。

⑤生根培养基：1/2MS + NAA 0.5 mg/L。

以上培养基均需含蔗糖 30 g/L、琼脂 0.7%，并将培养温度保持在 23 ~ 27 ℃，光照强度保持在 1500 ~ 2000 lx，pH 保持在 5.5 ~ 5.8，同时保证每天 12 小时的光照时间。

（2）无菌材料的获取

取尚未形成叶的幼嫩茎尖为外植体，用自来水冲洗干净后，用 75% 的乙醇浸泡 30 秒，用 0.1% 的升汞溶液浸泡 3 分钟，用无菌水冲洗 3 次，之后再用 0.1% 的升汞溶液浸泡 2 分钟，用无菌水冲洗 5 次后，即可将表面消毒的外植体茎尖接种到愈伤组织诱导培养基上。

（3）愈伤组织诱导与增殖

经过 60 天的培养，茎尖会在光照条件下出现绿色细小晶体状愈伤组织，继续培养 10 天后，将诱导分化出的愈伤组织转移到愈伤组织继代增殖培养基中继续培养，所生成的愈伤组织结构致密，生长速度较为缓慢。随着继代代数的增加，增殖速度逐渐加快，愈伤组织的颜色也逐渐由绿色转为墨绿色。

（4）愈伤组织分化

将继代后的愈伤组织块接种到愈伤组织分化培养基上，30 天后，愈伤组织块上会开始出现灰绿色的丝状体，继续培养还会形成绿色细长丛生状的丝状体。切取丛生状丝状体，将其转移到再生植株壮苗培养基上，10 天后，丝状体开始长出茎和小叶，并形成丛生小苗。

2. 鸟巢蕨

鸟巢蕨（图 4-20）又名山苏花、雀巢蕨、山翅菜等，属于多年生常绿附生蕨类植物，多产于亚洲、非洲和澳大利亚。鸟巢蕨株高 1 ~ 1.2 m，根状茎短，叶丛生于短茎顶端，向四周呈辐射状排列，形似鸟巢，因而得名。鸟巢蕨株型丰满，四季常青，喜阴凉环境，耐低温，养护管理较为粗放，不易生病虫害，具有极强的适应性，是布置会场、制作花篮的良好观叶材料，也常用于家庭园艺造景。

由于鸟巢蕨没有匍匐茎，多依靠孢子繁殖，而孢子繁殖的要求相对较高，因此不易获得大量种苗。组织培养技术则能使鸟巢蕨的培育在短期内形

成规模，对促进其商品化生产具有重要的实践价值，有助于充分发挥鸟巢蕨的未来潜力。

图 4-20　鸟巢蕨

（1）培养基和培养条件

①初始诱导培养基：改良 MS + 6 - BA 2.0 ~ 3.0 mg/L + NAA 0.1 ~ 0.3 mg/L + AC 1.0 g/L。

②增殖培养基：MS + 6 - BA 0.5 mg/L + AC 0.5 g/L。

③生根培养基：1/2MS + NAA 0.1 ~ 0.2 mg/L + IBA 0.1 ~ 0.2 mg/L。

在初始诱导培养基和增殖培养基中加入 30 g/L 的普通食用蔗糖，培养温度为 23 ~ 27 ℃，光照强度为 1500 ~ 2000 lx；在生根培养基中加入 20 g/L 的普通食用蔗糖，培养温度为 15 ~ 30 ℃，光照强度为 1500 ~ 5000 lx。

（2）无菌材料的准备

首先将鸟巢蕨放在干净的室内养护一个月，避免浇水。一个月后，用手术剪刀剪取新萌发的弯曲幼叶，并用中性洗衣粉清洗，用自来水冲洗干净后，在无菌条件下用 75% 的乙醇浸泡消毒 30 秒，用无菌水冲洗 3 次，放入 0.1% 的升汞溶液中消毒 6 ~ 8 分钟，再用无菌水冲洗 5 次，最后用无菌纱布吸去表面水分，将幼叶切成 1 mm × 1 mm 的小块。

（3）诱导分化

将小块放入诱导培养基中培养，10 天后切口处会开始膨大，30 天后小块表面会开始出现绿色球状小体。随着绿色球状小体的逐渐变大，50 天后，部分球状小体会开始萌发形成丛生苗。

（4）丛生苗扩繁

将丛生苗按照2～3棵为一丛的标准进行切割，并分别接种到增殖培养基上，大约35天后，每一丛都能增殖到10～12棵，且丛生苗的长势旺盛、颜色翠绿，部分还会萌发出少量的根。将新增殖的丛生苗继续切割、分块、接种，长此以往，便能获得大量的快繁苗。

二、多肉类园林植物组织培养

多肉植物又称多浆植物、多汁植物，是指植物营养器官的某一部分具有用以储存水分的薄壁组织，因而在外形上显得肥厚多汁的一种植物。多肉植物的特点主要体现在以下几个方面：①生长在干旱或阶段性干旱的地区，根部常常吸收不到水分，仅靠体内贮藏的水分维持生命；②外观玲珑可爱，肥厚多汁，造型各异，具有一定的观赏价值和食用价值；③代谢形式特殊，多在凉爽潮湿的晚上打开气孔，吸收二氧化碳。常见的多肉类植物包括仙人掌科、番杏科、景天科、百合科、龙舌兰科等。

（一）多肉类园林植物组织培养的常用技术

1. 多肉植物的无菌播种技术

传统的播种繁殖费时、费力且出苗率低，培育出的实生苗不仅生长速度慢、易感立枯病，而且相关管理也较为复杂，因此，需要通过组织培养来进行无菌播种。与温室中的实生苗相比，试管培养的实生苗产生子体的速度快，能够迅速形成商品苗。

2. 多肉植物组培快繁技术

对于一些自然繁殖能力弱、时间周期长的珍稀品种，如万象、玉扇、寿、高温鹰爪等十二卷属品种，以及缤纷橄榄、何鲁牵牛等块茎类植物，可通过组织培养的方法进行繁殖，实现工厂化育苗。

3. 多肉植物组培微嫁接培养技术

微嫁接是组培快繁和嫁接技术的结合，指在试管内将砧木与接穗进行嫁接的技术。微嫁接技术不受时间限制，也不占用土地，可在实验室内常年进行。以仙人掌为砧木进行组培嫁接，不仅能够克服组培扦插不易成苗的问题，还能提高植物的观赏价值，增强植物抗病、抗湿的能力。

（二）主要多肉类园林植物组织培养

1. 芦荟

芦荟（图4-21），日光兰科芦荟属，多年生常绿草本植物。近年来，芦

荟药理相关研究的逐渐深入带来了世界性的芦荟保健热潮，我国的芦荟栽培产业开始随之兴起。然而，由于芦荟无法自花授粉结实，用种子繁殖效率极低，只能依靠分株和分蘖的方法，因此难以实现种苗大量、快速的繁殖，这也是造成芦荟种苗价高的原因之一。对芦荟茎尖进行组织培养则能够有效、快速地繁殖出试管苗，在短期内获得上万株种苗，实现芦荟种植的低成本、高效益。

图 4-21　芦荟

（1）外植体和培养基

①愈伤组织诱导培养基：MS + BA 1 ~6 mg/L + NAA 0. 1 ~0. 5 mg/L。

②分化培养基：MS + BA 2 ~4 mg/L + NAA 0. 1 ~0. 5 mg/L。

③生根培养基：1/2MS + IBA 0. 4 mg/L。

基于以上培养基，芦荟组织培养的外植体应选择高 10 ~ 15 cm 的芦荟幼苗。

（2）愈伤组织繁殖方法

将芦荟幼苗用清水冲洗数次，剪去叶片和大部分茎段，取茎尖部分冲洗 1 ~2 次，淋干。用 75% 的乙醇将茎尖浸泡 30 ~60 秒、用升汞溶液浸泡 5 ~10 分钟、用无菌水冲洗数次后，用解剖刀取出包括茎尖生长点在内的组织切块，并将切块接种到愈伤组织诱导培养基上。培养条件为 23 ~27 ℃的温度、每天 10 ~12 小时的光照时间、1000 ~2000 lx 的光照强度。

2. 蟹爪兰

蟹爪兰（图 4-22），仙人掌科蟹爪兰属，肉质多浆植物，原产于巴西东部的热带雨林。植株分枝向四周扩展，每支有若干节相连，外形酷似蟹爪，因而得名。蟹爪兰花色鲜艳、花朵密集、花形优美，一般在圣诞节前后开放，因此又被称作“圣诞仙人掌”。

图 4-22 蟹爪兰

（1）培养基及培养条件

①初代培养基：MS +6 - BA 2.0 mg/L + NAA 0.1 mg/L。

②愈伤组织诱导培养基：MS +6 - BA 3.0 mg/L + NAA 0.5 mg/L。

③分化培养基：MS +6 - BA 5.0 mg/L + NAA 0.2 mg/L。

④继代培养基：MS +6 - BA 0.8 mg/L + NAA 0.05 mg/L。

⑤生根培养基：1/2MS + NAA 0.3 mg/L。

在上述培养基中加入 3% 的绵白糖、0.5% 的琼脂粉，并将 pH 保持在 5.8，将培养温度保持在 23 ~ 27 ℃，将光照强度保持在 1000 ~ 1200 lx，并保证每天 12 小时的光照时间。

（2）繁殖方法

①无菌材料的获得。用手术刀切取蟹爪兰顶部的初生茎段，用自来水冲洗茎段 20 分钟，再用洗洁精漂洗 5 分钟，置入 75% 的乙醇溶液中浸泡 30 秒，用无菌水漂洗 3 遍。将茎段切成 0.5 cm × 0.5 cm 的小块，接入初代培养基中。

②愈伤组织诱导培养。经过 15 天的培养后，将材料转接到愈伤组织诱导培养基上，30 天后，中间绿色部分的周围开始出现白色的致密愈伤组织。每隔 20 ~ 30 天可进行 1 次转接，以达到快速繁殖的目的。

③分化诱导及继代培养。将愈伤组织转接到分化培养基上，20 天后，表面会开始有绿点突出形成幼芽，30 天后，愈伤组织上会形成 1 cm 左右的丛芽。选用继代培养基进行继代培养时，可逐渐减少细胞分裂素和生长素的用量。

④生根诱导与移栽。将长 2 ~ 3 cm 的植株转接到生根培养基上，大约 20 天后，蟹爪兰的基部会开始长出 3 ~ 5 条细根，生根率约为 85%。选择健壮的组培瓶苗，将其转移到炼苗房中锻炼 2 天，再取出小苗并洗掉培养基，移栽到由草炭、砻糠灰、珍珠岩（比例为 2：1：1）混合而成的基质中，用 800 倍的多菌灵溶液浇透，放入遮阴的小拱棚中。在炼苗时注意对温度、湿度、光照的控制，成活率便可达到 85% 左右。

第五章　药用植物组织培养实践

药用植物对人类的价值不言而喻，药用植物的组织培养对药用植物的广泛应用具有重要的促进作用。本章论述了药用植物组织培养实践，分别讨论了根和根茎类药材、茎类和皮类药材、叶类和花类药材、果实和种子类药材，以及全草类药材的组织培养实践。

第一节　根和根茎类药材的组织培养

一、人参的组织培养

人参也被叫作“百草之王”，属于多年生草本植物，具有大补元气、安神、益智等作用，是“滋阴补生，扶正固本”的佳品。自古以来，人参就是名贵的滋补药物，在医学界的应用十分广泛。近年来，随着人们生活水平的提升，人参的应用领域越发广泛，逐渐成为食品、化妆品等的重要原料。

人参主根高度为 30～60 cm，呈圆柱形或者纺锤形，颜色为黄白色，根的下方有分枝；茎是直立的，圆柱形且不分枝，植株茎顶上有小叶，年份不同时，叶子的数量也不相同；人参会在夏季开花，花呈伞状，花梗有 30 cm 长；人参的浆果呈扁圆形，成熟的时候是鲜红色的。人参的具体形态如图 5-1 所示。

人参的生长速度相对较慢，栽培的技术也比较复杂，同时对自然环境的要求较为苛刻，因此，人参的生产数量并不能满足人们的需求，这也就制约了人参生产的发展。为了解决人参产量的问题，相关专家与学者开始进行人参组织培养研究。人参组织培养是在人为条件下进行的，不受季节、环境等的限制，能够节约土地，并可以在短时间内得到试管苗和大量培养物，从培养物中就能够提取出人参的有效成分，进而实现人参的工业化生产。人参组织培养最早始于 1964 年，我国的罗仕韦进行人参愈合组织的培养并取得了一定的成果，到现在，经过几十年的发展，人参组织培养已经取得了巨大的成就。

图 5-1　人参

人参组织培养的方式有愈伤组织的诱导和培养、种胚培养、花药培养、毛状根培养、人参细胞悬液培养与原生质体培养等，下面重点介绍愈伤组织的诱导和培养、种胚培养、花药培养。

（一）愈伤组织的诱导和培养

人参的根、茎、果肉、花药、子叶、胚轴等都可以被诱导形成愈伤组织，其中根和茎的诱导最为常见，嫩茎的愈合组织诱导率最高，可以达到 95%。在进行人参的愈伤组织诱导与培养时需要注意以下几点。

第一，附加 10% 椰乳的修改 Fox 培养基对人参愈伤组织培养的效果是最好的，在 SH 培养基上，人参愈合组织的生长速度是最快的，但是就目前来看，在进行人参愈合组织培养时，使用最多的培养基是 MS。此外，大豆粉、玉米芽汁、大麦芽汁等对人参愈伤组织的诱导与培养是十分有益的，可以单独使用，也可以添加到培养基中。

第二，人参愈伤组织的诱导与培养基本上都是在培养基上进行的，浓度为 0.5 ~ 2 mg/L 的 2，4 - D 对人参愈伤组织诱导的效果最好，浓度为 2 ~ 6 mg/L 的萘乙酸（NAA）对人参愈伤组织诱导也有不错的效果。适量的 2，4 - D 和 NAA 对人参愈伤组织的生长都具有较好的促进作用。

第三，温度、光照等会影响人参愈伤组织的生长。在 25 ℃环境下，人参的愈伤组织生长速度最快，如果温度低于 18 ℃或高于 29 ℃，人参愈伤组织的生长会十分缓慢。无论是在光照环境中还是在黑暗环境中，人参愈伤组织都能够生长，但是其在黑暗环境中生长较快，在光照环境中则生长较慢。

（二）种胚培养

种胚培养是人参组织培养的重要方式，具体步骤如下。

第一步，将低温沙藏后熟的裂口种子去除外壳，之后将其放在5%的安替福民溶液、0.1%的升汞溶液中各浸泡20分钟，以消毒灭菌，最后用无菌水冲洗种子3～4次。

第二步，将胚从胚乳中分离出来，并将其接种在MS+BA 2 mg/L+NAA 0.5 mg/L+0.7%的琼脂培养基上，温度保持在20～28 ℃，每天光照时间为16小时。

第三步，培养一周之后，胚芽、子叶会生长并变为绿色，培养两个月后，大多数的中胚轴和上胚轴会超过2 cm。

第四步，将上胚轴切除，并把胚轴和子叶培养物移栽到分化培养基（MS+BA 0.5 mg/L+GA 5 mg/L）上，培养两个月后，胚轴和子叶会出现芽状突起、芽簇与不定芽。

第五步，将不定芽分离出来，并将其转移到生根培养基上进行培养。生根培养基的成分为MS培养基、NAA 1 mg/L、GA 0.5 mg/L、BA 0.2 mg/L、2%的活性炭、3%的蔗糖、0.7%的琼脂、500 mg/L的蛋白胨。培养温度为20～28 ℃，每天光照时间为16小时。在培养一段时间后，不定芽就能够生根，并成为完整的植株。

（三）花药培养

人参的花药培养也能够形成完整的人参植株，其具体步骤如下。

第一步，首先将花粉发育至单核中期的花蕾放在70%的乙醇中浸泡20秒，之后将其放在0.1%的升汞溶液中浸泡10分钟，最后用无菌水冲洗花蕾4～5次。这样做的目的是对花蕾进行消毒灭菌。

第二步，在无菌环境中将花药从花蕾中剥离出来，之后将花药接种在诱导培养基上进行培养。诱导培养基的成分为MS培养基、2，4-D 1.5 mg/L、IAA 1 mg/L、6-BA 0.5 mg/L、6%的蔗糖、0.7%的琼脂。培养温度为20～28 ℃，培养适合在散光下进行，也可进行暗培养。在花药接种20天后，就可以看见愈伤组织出现。

第三步，在愈伤组织形成后的25天之后，可以将愈伤组织转移到分化培养基上培养。分化培养基的成分为MS培养基、KT 2.5 mg/L、GA_3 2.0 mg/L、IBA 0.5 mg/L、LH 1000 mg/L、3%的蔗糖、0.7%的琼脂。培养温度为20～26 ℃，每天光照时间为10小时。在培养40天后，就能够看见分化物，

分化物起初是乳白色或淡绿色的小圆点，在经过一段时间的生长后就会分化芽和根，最后长成植株。

第四步，把培养的小植株转移到 1/2MS 培养基上，30 天之后小植株的根就会达到 1 cm，继续培养一段时间之后，小植株就能够长成完整的植株。

二、甘草的组织培养

甘草又叫国老、甜草等，是多年生草本，根和根茎比较粗壮，可以入药。根茎通常为圆柱形，长度为 25～100 cm，直径为 0.6～3.5 cm，断面中间有髓，具有清热解毒、祛痰等功效。甘草的具体形态如图 5-2 所示。

图 5-2　甘草

甘草是一种常见的中药材，也被广泛应用在食品、制药、化妆品等行业，由于人们对甘草需求量的日益增多，甘草资源日趋枯竭，对甘草组织的培养也就成为甘草研究的重点。

甘草的组织培养主要包括无根苗分化途径、腋芽丛状茎途径、带叶茎直接生根 3 种，完成组织培养后即可进行田间移栽。

（一）无根苗分化途径

无根苗分化的具体步骤如下。

第一步，选择颗粒饱满的甘草种子，将种子用流水冲洗后放在 85% 的 H_2SO_4溶液中浸泡 20 分钟，之后再次用流水冲洗种子。

第二步，用无菌水冲洗种子数次，之后将种子接种到 1/2MS 培养基上进行培养，培养基中不能有激素，培养温度为 25 ℃，光照强度控制在

1500～2000 lx，培养7天之后，种子即可长成无菌苗。

第三步，将幼苗的下胚轴剥离，并将下胚轴接种到愈伤组织诱导的培养基中进行培养，培养基的成分为MS培养基、2，4－D 1.2 mg/L、6－BA 1 mg/L、3%的蔗糖、0.8%的琼脂。

第四步，在进行一两次的继代培养之后，就可以将质量较好的愈伤组织转移到分化培养基中，使其分化为无根苗。选择愈伤组织时要符合以下3点：一是组织致密；二是呈颗粒状；三是有绿色芽点。分化培养基的成分为MS培养基、6－BA 0.8 mg/L、KT 0.1 mg/L、NAA 1.5 mg/L、3%的蔗糖、0.8%的琼脂。

第五步，把无根苗转移到生根培养基（MS＋NAA 0.1 mg/L＋0.8%琼脂）中，使其生根。

（二）腋芽丛状茎途径

腋芽丛状茎培养的具体步骤如下。

第一步，把甘草无根的茎段放在培养基中诱导胚芽形成，培养基的成分为MS培养基、6－BA 0.8 mg/L、NAA 1.2 mg/L、3%的蔗糖、0.8%的琼脂。

第二步，在培养30天左右，一个无根茎段就可以形成5～9个丛状茎，把丛状茎转移到生根培养基中培养15～20天，丛状茎就能够生根成苗，再经过6个月的培养，就可以得到可繁殖的幼苗。

（三）带叶茎直接生根

带叶茎直接生根的培养方式如下：把带叶茎剪成带两片叶子的单芽茎段，将单芽茎段放在简化生根培养基MS_{NAO}（MS＋KH_2PO_4 13.5 mg/L＋3%蔗糖＋0.8%琼脂）中进行培养，在经过一段时间的培养之后，单芽茎段就会长出健壮的根，并生成苗，之后就可以移栽成活株。

（四）田间移栽

田间移栽的方法是：在弱光的环境中开瓶，加入10% MS炼苗3天，之后将苗移到育苗杯中，在弱光环境中培养4～5天，之后在正常光线中培养，等苗生长到10～15 cm时就可以移栽到田地中。

三、黄芪的组织培养

黄芪属于豆科多年生草本植物，根比较肥厚，木质，为灰白色；茎直立，上部多分枝，且有细棱，并有白色绒毛；叶子呈羽状，托叶为卵形。黄

芪的具体形态如图 5-3 所示。

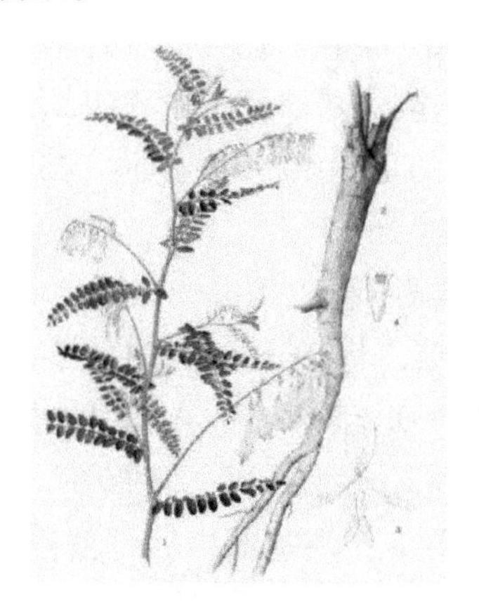

图 5-3　黄芪

黄芪的根部可以入药，具有提升机体免疫力、抗衰老、降压、抗菌等作用。由于长期大量采挖，近年来野生黄芪数量锐减，黄芪也成为国家三级保护植物，而黄芪的组织培养能够有效解决黄芪供给不足的问题。黄芪的组织培养主要包括 3 个步骤：一是愈伤组织诱导与芽分化；二是增殖培养；三是生根培养与炼苗移栽。

（一）愈伤组织诱导与芽分化

愈伤组织诱导和芽分化的过程大致如下。

第一步，将黄芪种子清洗干净，之后将种子浸泡在漂白粉过饱和溶液上清液中 15 分钟左右，接下来用无菌水清洗种子 1 ~ 2 次，并置于 70% 的乙醇中浸泡 2 秒，再用无菌水冲洗 2 ~ 3 次，随后将种子浸泡在 0.05% 的 $HgCl_2$ 中 6 分钟左右，并用无菌水冲洗 5 ~ 8 次，最后用消毒滤纸吸干种子表面的水分，并将种子接种到 MS 培养基中。

第二步，种子在培养基上培养 5 天后，会发芽并长成小苗，等小苗长到 1 ~ 1.5 cm 时，切下胚轴和子叶，将其接种到另外的培养基上进行培养，培养基成分为 MS 培养基、ZEA 3.0 mg/L、2，4 – D 0.1 mg/L、LH 500 mg/L。培养温度要保持在 24 ~ 28 ℃，光照强度为 2000 lx，每天光照 10 ~ 12 小时。

第三步，在培养 10 ~ 14 天之后，胚轴和子叶就会形成愈伤组织，愈伤组织起初是白色的，之后就会变成淡绿色和淡黄色，随着培养的继续，愈伤组织最终会长成芽和苗。

（二）增殖培养

当培养基中的苗长到 3 cm 时，就可以进行增殖培养了，增殖培养的方式是：把苗分成 2～3 株丛苗，基部要带愈伤组织，将这些丛苗移入培养基中进行增殖培养。所使用的培养基的成分是：MS 培养基、ZEA 3.0 mg/L、2，4－D 0.1 mg/L、LH 500 mg/L。

（三）生根培养与炼苗移栽

选择长得比较健壮的苗，将其分成单株并去除基部愈伤组织，接着将苗放在生根培养基（1/2MS＋0.5 mg/L NAA）中进行培养，15 天之后其就会生根；当根的长度达到 1～2 cm 后，可打开瓶盖，并将培养基置于温室下炼苗 2～3 天，之后取出小苗，并将基部培养基清洗干净，栽种到腐殖土里，置于温室中，7～10 天之后就可以进行移栽。

四、黄连的组织培养

黄连是毛茛科黄连属多年生草本植物，根状茎为黄色，常分枝叶子有很长的叶柄，叶片是卵状的三角形，边缘有些小的锯齿。黄连的具体形态如图 5-4 所示。黄连是一种常见的中药，基本功效是清热、泻火、解毒。对黄连的组织培养进行研究的学者有胡之壁、颜谦等，当前的研究成果具体如下。

图 5-4　黄连

（一）愈伤组织的诱导

愈伤组织的主要诱导步骤如下。

第一步，选择黄连的根、嫩叶、花梗、叶柄等作为外植体，用水冲洗干净之后先将其浸泡在肥皂水中 5 分钟、0.1% 的升汞溶液中 5～15 分钟，最

后用无菌水冲洗5次。

第二步，将处理好的外植体切成0.5 cm见方的小块，之后将小块接种到培养基上（培养基成分：67－V基本培养基＋2，4－D 0.5 mg/L＋IAA 1.0 mg/L＋KT 2.0 mg/L＋蔗糖30 g/L＋琼脂0.75%）进行培养，培养温度为25 ℃左右，培养时要进行暗培养。继代培养时，每隔一个月转接一次。

（二）再生植株的形成

再生植株形成的步骤具体如下。

第一步，将黄连叶片作为外植体，移入基本培养基（MS＋2，4－D 1 mg/L）中培养，以诱导愈伤组织的产生。

第二步，把愈伤组织转移到分化培养基中培养，以诱导胚状体的产生。分化培养基的成分包括MS培养基、6－BA 0.5 mg/L、NAA 1 mg/L。

第三步，把胚状体分别继代培养在新的培养基中，培养基的成分组成有两种形式，一是包括MS培养基、6－BA 1 mg/L（2，4－D 0.5 mg/L）、NAA 0.2 mg/L（NAA 0.1 mg/L）；二是包括MS培养基、2，4－D 0.5 mg/L、NAA 0.1 mg/L。

第四步，把长有子叶且发育正常的体胚转移至成分为MS培养基、IBA 0.5 mg/L、GA_3 0.5 mg/L的培养基中进行培养，培养要在光照环境下进行，经过两周的培养，胚体就会变成绿色，继续培养一段时间之后，胚体就会长出芽和根，最后发育成小植株。

（三）细胞悬液的培养

细胞悬液培养的步骤为：使用相对松散的愈伤组织来作为接种培养材料，将其接种在基本培养基（67－V）上，放在恒温振动器中进行悬液培养，温度在23 ℃左右，转速为100～120 r/min；培养20天左右，对细胞分散度小的进行液体悬浮培养，而细胞分散度大的可以进行平板培养。

第二节　茎类和皮类药材的组织培养

一、黄檗的组织培养

黄檗是落叶乔木，高度为10～25 cm，外树皮是灰褐色或黑灰色，内树皮是鲜黄色，有发达的木栓层，小枝是黄色或淡灰色，花雌雄异株，为黄绿色，浆果为球形，成熟后为黑色，种子是半卵形。黄檗的具体形态如图5-5所示。

图 5-5　黄檗

黄檗木材质地坚硬，可以用来制作家具或胶合板材，也可以用在船舶、航空、军事等领域；树皮在经过炮制之后可以入药，具有清热、解毒、泻火等功效，可以治疗急性细菌性痢疾、急性黄疸型肝炎、急性结膜炎等炎症；木栓层可以制作软木塞；果实可以用作驱虫剂及染料；种子是制作肥皂和润滑油的理想原料。由此可见，黄檗的经济价值与开发价值是巨大的。

当前黄檗的生产方式主要有 3 种，即母树采种、种子园制种、苗圃育苗，这些常规的方式难以使黄檗单株保持一致的高度和优良的性状，会阻碍黄檗人工林的发展，而黄檗植物组织的培养则为黄檗的育种和繁殖提供了新的途径。黄檗的组织培养方式主要有黄檗的茎尖培养、秃叶黄皮树的茎段培养。

（一）黄檗的茎尖培养

黄檗的茎尖培养过程具体如下。

第一步，在春天从成龄树上摘下叶芽，剖开叶芽并取出茎尖。

第二步，将茎尖放在加入 0.02% 洗洁精的水中浸泡 10 分钟，浸泡时要经常摇动容器，结束后用清水冲洗至少 10 分钟，之后将其放在 75% 的乙醇中浸泡 30～60 秒，用无菌蒸馏水清洗一次，结束后放入 0.1% 的升汞溶液中浸泡 5 分钟，接着用无菌蒸馏水冲洗 5 次左右，最后吸干水分。

第三步，将消毒杀菌后的茎尖移入分化固体培养基中，并放在温室中培养。分化固体培养基的成分为 MS 培养基、6－BA 1.5～2.5 mg/L、NAA 0.3～0.5 mg/L、2% 的蔗糖，白天培养的温度为 25～28 ℃，夜间培养的温度为

18～20 ℃，每天光照时间要在11小时左右，光照强度为15 000 lx。在茎尖接种3周之后就可以看到许多丛生芽。

第四步，将丛生芽转移到诱导分化培养基上进行壮苗和继代培养，培养两三周之后小芽就能生长为3～5 cm高的无根苗。

第五步，从较大的无根苗上方截取2～3 cm移入生根培养基中进行培养，并在生根培养基中加入14 mg/L硼酸。生根培养基的成分为1/2MS、NAA 0.3～0.4 mg/L、IAA 0.2～0.4 mg/L、2%的蔗糖。在培养3周之后，培养基中的苗就会生出根。

第六步，当根的长度超过1 cm之后，就可以移栽到温室中，在移栽时使用消过毒的中性或酸性介质，移栽后温室的温度不能超过20 ℃。

（二）秃叶黄皮树的茎段培养

秃叶黄皮树的茎段培养主要过程如下。

第一步，选择黄皮树嫩枝，用70%的乙醇和0.1%的升汞溶液对嫩枝表面进行消毒，并在无菌环境中将嫩枝切成0.5 cm长的茎段，以此为外植体。

第二步，把整理好的外植体分别放在固体培养基中进行培养，固体培养基的成分为MS、NAA 0.5 mg/L、BA 0.3 mg/L、3%的蔗糖，培养温度在25 ℃左右，每天光照时间为12小时，光照强度为200 lx。

第三步，在培养3天之后，培养基中的茎段会在9天左右出现致密的愈伤组织。

第四步，在4周后将获得的愈伤组织移到另一固体培养基（MS + BA 1.5 mg/L + NAA 0.5 mg/L）中培养，培养10天后愈伤组织会逐渐分化出不定芽，培养基会变黄。

第五步，对不定芽进行切割，并植入固体培养基（MS + BA 0.5 mg/L + NAA 1.0 mg/L）中，培养4周后，不定芽成为丛生芽。

第六步，将不定芽分离，并将其植入固体培养基（1/2 MS + NAA 1.0 mg/L + IBA 2.0 mg/L）中，在培养4周之后，培养基中的丛生芽会生出粗壮的根，之后就可以将生根的苗放入育苗室炼苗，在炼苗5～6天后，就可以将苗移栽到洁净的砂苗床上。

二、厚朴的组织培养

厚朴是落叶乔木，一般高20 m，树皮比较厚，呈褐色，小枝呈淡黄色或灰黄色，顶芽比较大，且是狭卵状圆锥形，叶子很大，聚生在枝端，花为白色，长度为10～15 cm，盛开时会反卷。厚朴叶、花、皮的具体形态如图5-6所示。

图5-6　厚朴

厚朴的树皮、根皮、花、种子等都可以入药，其中树皮是有名的中药，被称为“温朴”，具有祛痰、行气等作用；厚朴子可以榨油，也可以制作肥皂；厚朴木材可以用来雕刻、制造家具、作为板材等。

由于厚朴野生居群较少，生长缓慢，一般生长15～20年的厚朴树的树皮才能入药，且人们对厚朴的需求量较大，因此厚朴资源日渐枯竭，厚朴也就成为国家濒危植物。鉴于此，借助现代生物技术与组织培养的方式对厚朴进行培养，对促进厚朴的工业化发展具有重要意义。当前，厚朴的组织培养方式主要有两种：一是枝梢的培养；二是顶芽和嫩叶的培养。

（一）枝梢的培养

枝梢的培养步骤如下。

第一步，取树龄超过20年的厚朴树的细枝条顶端枝梢，所选取的枝叶要求长度约为4 cm，直径不超过1 cm，将枝梢清洗干净后先后放在70%的乙醇中浸泡3分钟、0.1%的升汞溶液中浸泡20分钟，之后用无菌水冲洗枝梢数次，并在无菌条件下剥出包裹着枝段的叶子，并去除栓皮，随后将枝梢切成1～2 mm的小片，作为外植体。

第二步，将切好的小片接种到诱导培养基中进行培养，诱导培养基的成分为MS、KT 0.5 mg/L、NAA 1.0 mg/L，培养基的pH为5.8，培养温度为22 ℃左右，培养要在暗环境中进行。

第三步，培养一周后，外植体会形成愈伤组织，在培养45～65天后，

要对愈伤组织进行继代转接。

第四步，继代转接两三次后，将愈伤组织移到MS + NAA 2.0 mg/L培养基上培养，在培养过程中，比较致密的愈伤组织会产生不定根，愈伤组织的每个部位也都能分化出根，表面会长出白色的幼根并向四周生长，伸到培养基的根能够长成3 ~5 cm的白色直根。

（二）顶芽和嫩叶的培养

顶芽和嫩叶的培养步骤如下。

第一步，在五月时，截取成年厚朴树嫩枝的顶芽和嫩叶，将其放在75%的乙醇中消毒1分钟，之后置于0.2%的升汞溶液中浸泡10分钟，最后用无菌水冲洗三四遍。

第二步，将顶芽去除外苞叶，基部纵向切开，把叶柄切成0.5 cm的小段，叶片切成0.25 cm^2的小块。

第三步，将小段和小块放在诱导培养基上培养，培养基的成分包括B5、2，4 - D 2 mg/L、6 - BA 1 mg/L、3%的蔗糖、0.65%的琼脂，培养基的pH为5.8 ~6.0，温度在25 ℃左右，每天光照时间为9小时左右，光照强度为1500 lx。

第四步，在诱导培养基上培养一段时间后，顶芽和叶柄会形成愈伤组织，之后将愈伤组织转移到成分为B5、2，4 - D 2 mg/L、6 - BA 1.5 mg/L的培养基上进行培养，培养需要在黑暗环境中进行。

三、刺五加的组织培养

刺五加是灌木，高度为1 ~6 m，有很多分枝，枝上有刺，刺直且细长；花呈伞形，常为紫黄色，有五瓣；果实是球形或者卵球形，为黑色。刺五加的具体形态如图5-7所示。

刺五加的树皮、根茎等都可以入药，具有除湿、祛风、安神、健脾、舒筋活血等作用；种子可以榨油，也可以制作肥皂。近些年，由于人们对刺五加的需求剧增及刺五加本身植丛少、种子产量低，其资源日趋缺乏，难以满足人们的需求。因此，对刺五加的组织培养进行研究也就显得尤为重要。当前，刺五加的组织培养方式有叶和根培养、茎尖培养、越冬芽培养、胚状体的诱导4种。

（一）叶和根培养

叶和根培养的步骤如下。

图 5-7　刺五加

第一步，选择生长健壮的刺五加植株的上部幼叶或当年生的根作为外植体，将得到的外植体用自来水冲洗干净后放在 70% 的乙醇中浸泡 30 秒，随后将其放到 0.2% 的升汞溶液中消毒 8 分钟，取出后用无菌水冲洗 5～6 次，最后用滤纸擦干。

第二步，在无菌环境中用刀将外植体中的茎尖取出，并将叶片切成 0.5 mm^2的小块，将根切成 0.2～0.3 cm 的小段。将得到的小块和小段接种到诱导培养基（MS + ZT 0.2 mg/L + NAA 2.0 mg/L + GA_3 1.5 mg/L）上，将培养基放在 20 ℃左右的黑暗环境中。

第三步，在培养 20～25 天后，就能够得到愈伤组织，培养 30 天后继代一次，之后将愈伤组织放在分化培养基中进行增殖培养，分化培养基的成分为 MS、NAA 3.0 mg/L、6 – BA 2.0 mg/L，培养温度为 20 ℃左右，每天光照时间为 10 小时，光照强度为 1500 lx。

第四步，选择健壮的继代分化单芽，将其移到生根培养基上培养，生根培养基的成分为 MS、IBA 0.2 mg/L。

（二）茎尖培养

茎尖培养的步骤如下。

第一步，在四五月份摘取刺五加茎尖作为外植体，将其消毒杀菌后放入培养基中，以 White 培养基为基本培养基，加入 BA 0.5 mg/L、NAA 0.1 mg/L、3% 的葡萄糖，经过一段时间的培养之后，茎尖会产生愈伤组

织，并长成无根苗木。

第二步，将无根苗木移到生根培养基（1/2 MS + IAA 1 mg/L）中培养，等苗木生根之后即可进行移栽，移栽基质由沙和森林腐殖土构成，沙和森林腐殖土的比例为 2∶1。

（三）越冬芽培养

越冬芽培养的步骤如下。

第一步，将野生刺五加当年形成的越冬枝条放在室内培养，使其成为刚刚萌发的状态，之后切下芽并带有一块枝条，以此作为外植体。

第二步，使用洗衣粉溶液清洗外植体的表面，洗完后用自来水冲洗，接下来用 70% 的乙醇对外植体表面进行杀菌，随后放入 0.1% 的升汞溶液中浸泡 10 分钟，并用无菌水冲洗 5 次，完成后将外植体放在解剖镜下，去除所有芽的鳞片，接着用 0.1% 的升汞溶液杀菌 4 分钟，并用无菌水冲洗 5 次，最后将解剖芽切下。

第三步，将解剖芽移到诱导培养基中，培养基的成分是 MS、6 - BA 1.0 mg/L、NAA 0.1 mg/L、3% 的蔗糖、0.6% 的琼脂，培养基的 pH 为 5.8，温度为 23 ~ 25 ℃，每天光照 12 小时，光照强度为 1500 ~ 2000 lx。在接种 16 天之后，芽基部就会有绿色突起出现。

第四步，将外植体培养的芽丛移入继代分化培养基（MS + 6 - BA 0.5 mg/L + ZT 0.1 mg/L）中培养，使芽丛增殖。

第五步，选择高度为 1.5 cm 左右且比较健壮的继代单芽，将其移入生根培养基中培养，培养基的成分为 1/2 MS、NAA 0.5 mg/L，培养 15 天之后就能看到小根长出。

第六步，进行炼苗与移栽，在炼苗的后期可以将蛭石和森林腐殖土以 1∶1 的比例混合，作为培养基质。

（四）胚状体的诱导

胚状体的诱导步骤如下。

第一步，将干燥的刺五加种子放在蒸馏水中浸泡 24 小时，之后将种子和含 10% 的水的沙子按照 1∶3 的比例混合并放在温室中，每 3 天翻动一次，及时补充水分。待大约 5 个月后，种子就会裂开，这时将裂开的种子放在 0 ~ 5 ℃的环境中冷藏，50 ~ 60 天之后就可以去除成熟的种子，将种子去掉皮后在 0.1% 的升汞溶液中浸泡 10 分钟左右，捞出后用无菌水清洗种子 5 次左右。

第二步，将清洗好的种子剥出种胚，并接种到 MS 培养基中，培养一两周之后种子就会长出苗，这时切下苗的子叶和胚轴，并将子叶和胚轴接种到胚状体诱导培养基（MS + 2，4 - D 0.5 mg/L）上，诱导培养基的 pH 为 5.8，培养温度在 23 ℃左右，培养基要放在暗环境中，培养 20 天之后可以进行继代培养。

第三步，把有子叶的胚状体移到光下进行培养，其就会发育成为正常的植株，但是如果不转移胚状体，仍在原环境中对其进行培养，老的胚状体上会重新分化出新的胚状体。

第三节　叶类和花类药材的组织培养

一、枇杷的组织培养

枇杷是常绿小乔木，其叶子可以入药，具有清肺止咳、利尿、清热等作用，枇杷叶是一味重要的中药，属于叶类药材。枇杷树可以长到 10 m，小枝是黄褐色的；叶片呈长椭圆形或倒卵形，长度为 12 ~ 30 cm，宽度为 3 ~ 9 cm，边缘有锯齿，味道稍苦。枇杷叶的具体形态如图 5-8 所示。

图 5-8　枇杷叶

枇杷童期相对较长，而且具有基因高度杂合、抗逆性差等特点，通过常规的方式育种难度较大，因此，需要使用生物技术来进行枇杷组织培育，以加速枇杷改良的进程。当前枇杷的组织培养方式有果实培养、原生质体培养

与顶芽培养3种。

（一）果实培养

果实培养的步骤如下。

第一步，选择枇杷树上没有成熟的果实，将果实表面的绒毛擦掉，切掉宿萼，并用自来水冲洗干净，随后将其放入洗衣粉中浸泡20分钟，并再次用自来水冲洗约30分钟，之后将果实放在75%的乙醇中消毒5分钟，用无菌水冲洗1次，再将果实放在0.1%的升汞溶液中浸泡5分钟，捞出后用无菌水冲洗5次，接下来在无菌环境中剖出幼胚。

第二步，将幼胚放到诱导培养基中培养，诱导培养基的成分为1/2MS培养基、6－BA 2.0 mg/L、IAA 0.5 mg/L、30 g蔗糖、6 g琼脂，培养基的pH为5.8，温度为22～26 ℃，每天以15 000 lx的强度光照16小时。

第三步，在培养基中培养10天后，幼胚的子叶会陆续张开，子叶的颜色也会变成浅黄色或淡绿色，并渐渐变为绿色，在两周之后，一些幼芽基部会出现致密的愈伤组织，这些幼胚是不萌芽的。

第四步，当芽苗长到约1 cm时，可将其移入培养基中进行增殖培养，增殖培养基的成分是MS培养基、6－BA 1.0 mg/L、NAA 0.2 mg/L、30 g蔗糖、6 g琼脂，培养基的pH为5.8，温度为22～26 ℃，每天以15 000 lx的强度光照16小时。在培养10天之后，就能够在培养基中看到新增殖的芽苗。

（二）原生质体培养

原生质体培养的步骤如下。

第一步，选择枇杷花蕾期、开花期与授粉后的雄蕊，取出胚并按照常规的方式接种培养，在培养3周之后可以得到愈伤组织，选择质量较好的愈伤组织，将其移入浓度较低的生长调节剂培养基中进行培养，培养基的成分为MS、2，4－D 0.5 mg/L、BA 1.0 mg/L，培养一段时间后可以得到黄色的、由粘连成小团的细胞组成的愈伤组织，这就是胚性愈伤组织。将这些胚性愈伤组织放在成分为2，4－D 0.1 mg/L、BA 0.5 mg/L的培养基上进行继代培养，继代培养的间隔期是4周。

第二步，当培养基中的愈伤组织长到0.5 cm时，就可以进行分化培养，将这些愈伤组织放入成分为MS、BA 1.0 mg/L、2，4－D 1.0 mg/L、10%蔗糖、5%山梨酸的培养基中进行培养，4天后愈伤组织会生壁形成细胞膜，并进行第一次分裂；再培养2天后，细胞会分裂第二次，这时就能形成细胞团与愈伤组织。

第三步，把带芽原基的愈伤组织转移到成分为 MS、ZT 2 mg/L、Ad 20 mg/L 的培养基上，培养一段时间后愈伤组织就会长出芽苗，当芽苗长到 2 ~3 cm 高时，可将其移到生根培养基中生根，生根后就可以进行炼苗和移栽。

（三）顶芽培养

顶芽培养的步骤如下。

第一步，取长度为 1.5 ~2.0 cm 的顶芽，先用流水对其冲洗 2 小时，之后将其浸泡在 70% 的乙醇中 90 秒，接下来使用 0.1% 的升汞溶液漂洗 12 分钟，最后用无菌水漂洗 6 次左右。

第二步，剥出 0.3 ~0.5 cm 的顶芽，将其接种到展芽培养基中，展芽培养基的成分为 MS、6 – BA 1.75 mg/L、NAA 0.3 mg/L、GA_3 0.5 mg/L，培养温度为 25 ℃，在培养的前 15 ~20 天，要在黑暗环境中培养，当芽出现新叶后，就可以进行光照培养，每天光照时间为 12 小时，光照强度是 1500 ~2000 lx，培养 10 ~15 天之后，可将培养物转入增殖培养基中进行增殖培养。

第三，当芽生长到 2 cm 后，可切下芽，并将其移入生根培养基中，培养约 6 天后，苗基部会出现白色原基，继续培养 7 ~10 天，便可对苗进行移栽。

二、罗布麻的组织培养

罗布麻也叫红麻、茶叶花等，是半灌木植物，高度为 1.5 ~3 m，主要生长在河岸、山沟的砂质地中。罗布麻叶可以入药，具有降压、强心、抗辐射、降血脂、延缓衰老等作用；叶片为椭圆状披针形或卵圆状披针形，长为 2 ~5 cm，宽为 0.5 ~2 cm，颜色是淡绿色或绿色，边缘有锯齿。罗布麻的具体形态如图 5-9 所示。

罗布麻除了有药用价值，还具有其他价值。罗布麻的茎弹性好，可以作为精细纺织的原料；罗布麻植物体中的乳汁可以用来制作工业橡胶。可见，罗布麻的开发前景十分广阔。

学者魏凌基、马淼等对罗布麻的组织培养进行了研究，他们对罗布麻茎段进行了组织培养，并取得了成功。对罗布麻的茎段进行组织培养的具体过程如下。

第一步，选择罗布麻的幼嫩茎，剪掉其叶片和叶柄，在使用自来水清洗

图 5-9　罗布麻

干净后，将罗布麻的幼嫩茎切成 5 cm 长的小段，之后放在 84 消毒液中浸泡 15 分钟，取出后用自来水冲洗 3 ~ 4 小时，随后用 75% 的乙醇浸泡 30 秒，接下来用 0. 2% 的升汞溶液消毒 15 分钟，并用无菌水冲洗 3 次，最后将消毒后的幼嫩茎切成 0. 5 cm 长的小段，每个小段上要有一对侧芽。

第二步，把切好的小段接种到 MS 培养基上进行培养，培养温度为 25 ℃，每天光照 12 小时，光照强度 2000 lx。在培养 6 天后，腋芽处会有侧芽萌发，当侧芽长高 1 cm 时，要切下侧芽并将其接种到芽诱导分化和增殖培养基上进行继代培养，培养基的成分为 MS、6 - BA 2. 0 mg/L、NAA 0. 2 mg/L、水解乳蛋白 300 mg/L。

第三步，当苗长到 2 cm 高时，将其移到生根培养基中进行培养，生根培养基的成分为 MS、IAA 0. 2 mg/L、水解乳蛋白 300 mg/L、蔗糖 15 g/L。

第四步，当苗基部的根长度达到 2 cm 时，可以打开培养基的覆膜，将其放在室内阳光下锻炼 2 天。

第五步，将生根苗取出，并洗掉基部的培养基，之后将其种在装有珍珠岩和沙土的花盆中，盖上薄膜，两天后可以去掉薄膜。

三、菊花的组织培养

菊花是菊科多年生宿根草本植物，具有观赏价值，且能够入药、酿酒，菊花入药具有名目、清肝、解毒等作用。晒干后的菊花如图 5-10 所示。

用组织培养技术来繁殖菊花，具有成苗量大、脱毒、能保持品种的优良特性等优势。当前，菊花的组织培养方式有花序轴培养、花瓣培养、叶片切断培养、茎尖或茎段培养 4 种。

图 5-10　菊花

（一）花序轴培养

花序轴培养的步骤如下。

第一步，取直径为 9 ~ 10 mm 的将要开放的花蕾，先用自来水冲洗约 30 分钟，之后放在 70% 的乙醇中浸泡 15 秒，捞出后用无菌水冲洗 2 次，随后将其放在 10% 的漂白粉液中浸泡 20 分钟，并用无菌水冲洗 3 次，最后用滤纸将花蕾的水分吸干备用。

第二步，把花蕾切成 0.5 cm 长的小段，接种到成分为 MS、BA 2.3 mg/L、NAA 0.02 ~ 0.2 mg/L 的培养基上培养，培养温度为 26 ℃，每天光照时间是 8 小时，光照强度是 1000 ~ 1500 lx。

第三步，在培养一两个月之后，切成小段的花蕾就会分化出绿色的幼芽，这时将绿芽转移到生根培养基上进行培养，生根培养基的成分为 White、NAA 1.0 ~ 1.2 mg/L，培养一个月后，绿芽就会生出健壮的根系，继续培养一个月后，绿芽就长成了花苗，这时就可以将花苗移栽到室外。

（二）花瓣培养

花瓣培养的步骤如下。

第一步，选择始花期花蕾的花瓣，先对其进行消毒处理，之后将靠近花瓣基部的切面插到培养基中进行培养，培养基的成分是 MS、NAA 0.2 mg/L、KT 2 mg/L，培养温度是 25 ℃ 左右，每天光照 12 小时，光照强度是 2000 lx。

第二步，在培养 7 天后，愈伤组织就会形成，继续培养 20 天后，会有

80% 的愈伤组织发芽。

第三步，将芽接种到生根培养基（1/2MS + NAA 0. 1 mg/L + 蔗糖 30%）中，培养 10 天后即可进行移栽。

（三）叶片切断培养

叶片切断培养的步骤如下。

第一步，使用常规的消毒方法对叶片进行消毒，之后将叶片切成小段，将小段接种到愈伤组织诱导培养基上进行培养，愈伤组织诱导培养基的成分是 MS 培养基、BA 2 mg/L、NAA 0. 2 mg/L，在培养 1 ~2 个月后，就可以得到愈伤组织。

第二步，把愈伤组织移到成分为 MS、KT 2 mg/L、NAA 0. 02 mg/L 的培养基上进行摇动培养，愈伤组织的增殖率很高，每隔 3 天即可增加一倍。

第三步，把愈伤组织转移到成分为 MS 培养基、KT 0. 5 ~2 mg/L 的琼脂培养基上进行培养，在培养 6 ~12 周之后，就可以得到健康的植株。

（四）茎尖或茎段培养

茎尖或茎段培养的步骤如下。

第一步，截下带有 2 个叶原基且长度小于 0. 5 mm 的茎尖，首先用自来水冲洗茎尖 5 ~15 分钟，其次用 0. 1% 的升汞溶液对茎尖消毒 8 ~12 分钟，再次用无菌水冲洗茎尖 9 次左右，最后用无菌纱布吸干茎尖表面的水分。

第二步，把茎尖接种到成分为 MS 培养基、NAA 0. 01 ~0. 02 mg/L、NAA 0. 1 mg/L、3% 蔗糖的培养基上进行培养，培养基的 pH 为 5. 8，培养温度为 26 ℃，每天光照 8 小时，光照强度为 1000 ~1500 lx。在接种 4 ~6 周之后，就能得到丛生芽。

第三步，诱导生根的方式有瓶内生根与瓶外生根两种，使用瓶内生根的培养方式时，可把无根苗接种到成分为 1/2MS、NAA 0. 1 mg/L、3% 蔗糖的培养基上；使用瓶外生根的方式时，可以将长度为 2 ~3 cm 的无根苗插在由蛭石、珍珠岩等混合而成的基质中。

第四步，待根长出且苗长势良好时，可移栽苗，等苗长出新叶、新根之后，就可以上盆或者定植。

四、金银花的组织培养

金银花也被称为忍冬，花蕾、初开的花等都可以入药。金银花 3 月开花，花开初期为白色，在一两天后就会变为黄色，因此得名金银花，其大致形态如图 5-11 所示。金银花入药具有清热解毒、宣散风热等功效，可以用来治疗各种慢性热病。除了药用价值，金银花还具有防风固沙、防止土壤板结、保持水土、改良土壤、调节气候等作用。因此，金银花有着不错的开发前景，金银花的组织培养对其繁殖、发展具有重要的促进作用。

图 5-11　金银花

金银花的组织培养过程包括 3 步：第一步是愈伤组织的诱导和芽分化；第二步是增殖培养；第三步是生根培养和炼苗移栽。

（一）愈伤组织的诱导和芽分化

愈伤组织的诱导和芽分化的步骤如下。

第一步，选取带有腋芽的金银花茎段，将其清洗干净后放入漂白粉过饱和溶液上清液中浸泡 15 分钟，并用无菌水冲洗 2 次，之后浸泡在乙醇中消毒 2 秒，并用无菌水冲洗 2 ~ 3 次，接下来将其放在 0.05% 的 $HgCl_2$ 中浸泡 7 分钟左右，取出后用无菌水冲洗 5 ~ 8 次，并用滤纸吸干水分。

第二步，将处理好的金银花茎段切成小段，每个小段要带有腋芽，将小段接种在培养基上，培养基成分为 MS 培养基、BA 0.5 ~ 1.0 mg/L、NAA 0.01 mg/L、3% 的蔗糖，培养的温度是 18 ~ 25 ℃，每天光照时间为 13 小时左右，光照强度是 1000 ~ 1500 lx。在培养一周或两周之后，腋芽就会萌发生长，在培养 3 周或 4 周之后，就可以看到丛芽。

（二）增殖培养

等丛芽形成后，将丛芽分切成带段的小芽，之后将带段的小芽移入培养基中培养，培养基的成分为 MS、BA 1.0 ~ 2.0 mg/L、GA_3 0.5 ~ 1.0 mg/L、

NAA 0.1 mg/L、3% 的蔗糖。在培养一段时间后，就可以看到增殖的丛生芽，继续培养一段时间后，丛生芽就会长成无根苗。

（三）生根培养和炼苗移栽

选择健壮的无根苗，将其接种到生根培养基中进行培养，生根培养基的成分是1/2MS、GA_3 0.5～1.0 mg/L、NAA 0.5～1.0 mg/L，在培养15天后，无根苗就会生根。之后就可以取出小苗，在清洗基部的培养基后将苗移栽到营养袋中进行培养，等到新叶长出、苗也生长得较为健壮时，就可以将其移栽到田中。

第四节　果实和种子类药材的组织培养

一、枳壳的组织培养

枳壳是一味草药，是酸橙及其栽培变种的干燥、未成熟果实，具有破气、行痰、消积等作用，能够治疗胃肠积滞、胸痞、噫气、下痢后重等症状。图5-12、图5-13分别为枳壳青果和晾干后的枳壳。

图5-12　枳壳青果

图5-13　晾干后的枳壳

枳壳的组织培养主要分为4步：一是消毒与接种；二是诱导愈伤组织和芽分化；三是增殖培养；四是生根培养和炼苗移栽。

（一）消毒与接种

从长势较好的母树上截取健壮的新枝梢尖，截取长度为1～1.5 cm，将其清洗干净后放在漂白粉过饱和溶液上清液中浸泡15分钟，捞出后用无菌水冲洗1～2次，之后将其放在75%的乙醇中浸泡5～10秒，再次用无菌水冲洗3～4次，用滤纸吸干表面的水分，并将消毒的梢尖切成1～2 mm的茎尖进行培养。

（二）诱导愈伤组织和芽分化

把处理好的茎尖接种到诱导愈伤组织培养基中进行培养，培养基的成分为MS、2，4－D 0.25 mg/L、NAA 2.5 mg/L、KT 0.5 mg/L、叶酸0.1 mg/L、维生素B_1 0.1 mg/L、维生素C 5 mg/L、核黄素0.1 mg/L、5%的蔗糖。在培养6天后，培养基中就会出现愈伤组织，在培养25天后，就可以将愈伤组织转移到分化培养基中培养，分化培养基的成分为MS、6－BA 0.25 mg/L、NAA 0.1 mg/L，培养温度为27 ℃，每天的光照时间是12～14小时，光照强度是1000～1500 lx。在培养30天后，就能够看到茎叶器官分化。

（三）增殖培养

把带有芽的愈伤组织移至增殖培养基中进行增殖培养，增殖培养基的成分为MS、BA 0.5 mg/L、ZT 0.5 mg/L，培养温度为27 ℃左右，在培养一段时间后，就可以看到培养基中丛生芽的形成，继续培养一段时间后，这些丛生芽就会生长成无根苗。

（四）生根培养和炼苗移栽

选择长得比较健壮的苗，将其分成单株，在除去愈伤组织之后将其接种在生根培养基中进行培养，生根培养基的成分为MS、KT 2.0 mg/L、YE 1000 mg/L，培养一段时间后就可以得到完整的植株。当根的长度达到2 cm时，打开培养基的盖子，将其放在室温环境中炼苗2～3天，之后取出小苗，轻轻洗净基部的培养基，移栽到腐殖土中，放入温室，温室的温度要在26 ℃左右。

二、龙眼的组织培养

龙眼也叫桂圆，是常绿乔木，果实近球形，颜色多为黄褐色或灰黄色，外表粗糙，种子为茶褐色，并全部被肉质假种皮包裹。龙眼的具体形态如图5-14所示。龙眼假种皮可以入药，味道甘甜，具有补血、开胃、益脾、安神、益智等作用，可以用来治疗贫血、健忘、头痛、失眠等症状。

龙眼的组织培养过程主要包括4步：一是消毒和接种；二是愈伤组织诱导；三是芽分化和增殖；四是生根培养和炼苗移栽。

图 5-14　龙眼

（一）消毒和接种

1. 消毒

将果实清洗干净后，在无菌环境中放入过饱和溶液中浸泡 15 分钟，之后用无菌水清洗 2 次，接着将其放在 70% 的乙醇中浸泡 1 分钟，并用无菌水冲洗 2～3 次，随后将其放在 0.1% 的氯化汞溶液中浸泡 4～5 分钟，取出后用无菌水清洗 5～8 次，最后用无菌滤纸将果实表面的水分吸干。

2. 接种

在无菌环境中将消毒之后的果实中的种子剥出，并将其接种到 MA 培养基中，在 27～30 ℃的环境中培养，7～12 天之后，种子就会发芽，这时选择种子的上胚轴和下胚轴作为外植体。

（二）愈伤组织诱导

把子叶的上胚轴和下胚轴接种到成分为 MS、BA 2.5 mg/L、IBA 1.0 mg/L 的培养基上进行培养，培养温度为 25～28 ℃，要在黑暗环境中培养。在培养 5 天后，可以观察到外植体开始膨大，并能够看到浅黄色的愈伤组织，在培养 25 天后，愈伤组织的诱导基本完成。

（三）芽分化和增殖

将愈伤组织接种到成分为 MS、BA 2.5 mg/L、KT 1～2 mg/L、IBA 2.5 mg/L 的培养基中，在弱光环境下培养一段时间之后，愈伤组织会分化出芽，将腋芽和顶芽移到增殖培养基中，芽就能在 30 天内不断增殖，增殖培养基的成分为 MS、BA 5 mg/L、IBA 1.0 mg/L、KT 2.0 mg/L。

（四）根培养和炼苗移栽

等芽长到 2～3 cm 时，将其接种到生根培养基中培养，生根培养基的成分为 MS、IBA 0.1 mg/L，在培养 12 天之后，芽就开始长根，等根长度达到

2 cm 时，就可以把生根的苗移入营养袋中，等根生长健壮且有新叶长出时，就可将生根的苗连同营养袋一起移到田中栽种。

三、荔枝的组织培养

荔枝是常绿乔木，高度大约 10 m，成熟后的果实为鲜红色，果皮有鳞斑状的突起，种子呈褐色，且被肉质假种皮包裹。荔枝味道鲜美，是深受人们喜爱的水果。成熟的荔枝种子经过干燥之后可以入药，其效果是散结、散寒、止痛、行气，可以治疗疝痛、胃脘疼痛、痛经等。荔枝的具体形态如图 5-15 所示。

图 5-15　荔枝

荔枝的组织培养过程主要分为 4 步：一是消毒和接种；二是愈伤组织诱导；三是胚状体诱导培养；四是成苗培养和炼苗移栽。

（一）消毒和接种

取长度为 4 cm 左右的花蕾，将其清洗干净之后放在漂白粉过饱和溶液上清液中浸泡 15 分钟，捞出后用无菌水冲洗一两次，之后将其放在 70% 的乙醇中浸泡 10 分钟，再用无菌水冲洗两三次，随后将其放在 0.1% 的氯化汞溶液中浸泡 8 ~ 10 分钟，取出后用无菌水冲洗 5 ~ 8 次，并用无菌滤纸擦干。接下来把花药取出来，接种到愈伤组织诱导培养基中进行培养。

（二）愈伤组织诱导

愈伤组织诱导培养基的成分为 MS、2，4 – D 1.2 mg/L、KT 1 ~ 2 mg/L、NAA 0.5 ~ 1.0 mg/L、3% 的蔗糖，培养温度是 24 ~ 27 ℃，培养环境为黑暗环境，在培养约 21 天后，就可以在花药壁上看到浅褐色的愈伤组织，在培

养大概两个半月后，就可以看到浅黄色的花粉愈伤组织。

（三）胚状体诱导培养

把花粉愈伤组织转移到成分包括 MS、KT 0.5 mg/L、NAA 0.1 mg/L、LH 500 mg/L、蔗糖 3%、蜂王浆 400 mg/L 的培养基上，在持续培养一个月后，就可以看到花粉愈伤组织上分化出了胚状体。

（四）成苗培养和炼苗移栽

把胚状体移到分化培养基中进行培养，分化培养基的成分是 MS、KT 0.5 mg/L、GA_3 0.1 mg/L、LH 500 mg/L、蜂王浆 100 mg/L、蔗糖 3%，在培养的过程中，胚状体的小球会最先分化出子叶，接着分化出胚根及胚芽，最后胚状体就会长成完整的植株。

当植株基本形成之后，就可以进行炼苗并移栽。具体做法是：从培养基中取出小苗，将基部的培养基清洗干净，并移至营养袋中，注意不能让太阳直射小苗，同时要保持培养基中的湿度与温度。等小苗长出新叶且生长较为健壮后，就可以连同营养袋将小苗移至大田中。

第五节　全草类药材的组织培养

一、石斛的组织培养

石斛是一味中药，是兰科石斛属植物，具体包括鼓槌石斛、金钗石斛、流苏石斛等类型，其新鲜或干燥的茎具有滋阴、生津、清热等作用，可以治疗虚火、口干、干呕、筋骨痿软等症状。石斛的繁殖需要某种真菌的帮助，因此在自然环境中的繁殖率相对较低，对石斛进行组织培养也就显得格外重要。当前的药用石斛，包括鼓槌石斛、铁皮石斛、金钗石斛、霍山石斛等都已经成功建立了组织培养体系。

（一）鼓槌石斛的组织培养

鼓槌石斛的培养要选择长势良好的、没有开裂的果实作为外植体，用 70% 的乙醇擦拭果实的表面，以达到消毒杀菌的目的，之后用 5% 的次氯酸消毒，并用无菌蒸馏水清洗。清洗完毕后，在无菌条件下将果实切开，用接种勺把果实中的胚均匀地接种到 1/2MS 培养基上。在培养 40 天之后，就能够看到幼胚开始膨胀，并逐步发育成圆球茎，60 天之后，圆球茎顶端开始有叶原基突起，之后这些突起会发育成幼叶。接着将幼叶移到分化培养基中进行培养，分化培养基的成分是1/2MS培养基、NAA 0.5 mg/L、6 - BA 1 mg/L、KT 0.1 mg/L、2，4 - D 0.1 mg/L，培养温度在25 ℃左右，每天光照时间为12小时，光照强度是1600 ~ 2000 lx。在培养一段时间后，就能够在培养基中看到具有根、茎、苗的完整植株。

（二）铁皮石斛的组织培养

铁皮石斛的组织培养可以选择种子（胚）、茎尖和茎段等作为外植体，选择的外植体不同，培养的方式也会有所不同。

1. 种子（胚）的培养

选择授粉情况良好的果实，先用75%的乙醇对果实表面进行消毒，之后将果实放在0.1%的升汞溶液中浸泡8分钟，捞出后用无菌水清洗四五次，接着在无菌条件下把果实切成0.1 mm见方的小块，最后将这些小块接种到培养基上进行培养。培养一段时间后，就能在培养基中看到具有完整的根、茎、叶的植株，这时就可以对培养基中的苗进行炼苗和移栽。

2. 茎尖的培养

选择当年萌发的、幼嫩的茎尖作为外植体，先将茎尖放在10%的次氯酸钠中浸泡10分钟，然后用无菌水冲洗四五次，接下来就可以将其接种到培养基上进行培养。在培养一段时间后，即可得到完整的植株，这时就可以对植株进行炼苗与移栽。

3. 茎段的培养

选择长度适中的铁皮石斛茎段，去除叶片，将茎段表面清洗干净，并进行消毒处理。完成清洗与消毒工作后，在无菌环境中把茎段切成5 mm长的小段，每个小段上要带有一个茎节，之后就可以将茎节接种到培养基上进行培养。

（三）金钗石斛的组织培养

金钗石斛的培养可以将叶片、根、幼茎等不同的部位作为外植体，下面将具体阐述幼茎的培养过程。

第一步，去除幼茎的叶片，用棉花蘸淡肥皂水来清洗幼茎，清洗完成后将幼茎放在自来水中冲洗30分钟，随后在无菌环境中使用70%的乙醇清洗幼茎30秒，接着将幼茎放在2%的次氯酸钠溶液中浸泡8分钟，捞出幼茎后用无菌水清洗5次，最后用镊子把薄膜叶鞘除去，并将幼茎切成带芽的小段。

第二步，把带有幼芽的小段接种到诱导培养基上进行培养，诱导培养基

的成分为 MS、6-BA 0.5 mg/L、NAA 0.2 mg/L，在培养 7 天后，就能看到侧芽在叶腋处萌发，同时也可以在切口处看到少量白色的愈伤组织，继续培养 20 多天后，芽苗会长到 3~6 个小节，这时可以将苗移至继代增殖培养基中进行培养。

第三步，将苗移到继代增殖培养基中进行培养，继代增殖培养基的成分是 MS、6-BA 3.0 mg/L、NAA 0.5 mg/L，培养一段时间后就能看到培养基中出现了大量丛芽，当芽长到 2~3 cm 时，将丛芽切成单芽并移入生根培养基中，生根培养基成分为 MS、IBA 0.3 mg/L、NAA 0.1 mg/L。

第四步，苗在生根培养基中培养 25 天后，就会长出健壮的根，这时将培养基的盖子打开，于自然光下炼苗 3 天，炼苗后取出培养基中的苗，洗去基部的培养基并移栽到大田中。

（四）霍山石斛的组织培养

霍山石斛的组织培养可以将茎段作为外植体，其基本的步骤如下。

第一步，选择生长态势良好的霍山石斛，去除根、叶之后将其切成 0.7~1 cm 的带有茎节的小段，并对小段进行消毒处理。

第二步，在无菌环境中将消毒后的茎段接种到诱导培养基上进行培养，诱导培养基的成分为 MS、IBA 1.0 mg/L、NAA 0.2 mg/L，在培养 7 天后，茎段就会发芽，10 天后可以看到每个芽上长出了两片幼叶。

第三步，将长出幼叶的茎段移入继代培养基中进行培养，继代培养基的成分为 MS、IBA 0.4 mg/L、NAA 0.6 mg/L，在培养 60 天后，芽会长成苗，苗的高度可达 12 cm，这时将苗移入生根培养基中进行培养，生根培养基的成分为 MS、IBA 0.15 mg/L、NAA 0.5 mg/L。

第四步，在培养 5~6 个月后，幼苗会长到 4~5 cm 高，此时便可进行炼苗与移栽。

二、灯盏花的组织培养

灯盏花也叫短葶飞蓬、灯盏细辛，是菊科飞蓬属野生草本植物，高度为 20~30 cm，根状茎为木质，叶子主要集中在基部，呈莲座状，其花像灯盏，根像细辛。灯盏花的具体形态如图 5-16 所示。

灯盏花可以入药，其药性相对温和，具有解毒、消炎、散寒、除湿、止痛、舒筋活血等功效，主要用来治疗牙痛、小儿头疮、小儿麻痹、心血管疾病、脑膜炎的后遗症等。当前，灯盏花在肾病、糖尿病、老年性疾病的治疗

图 5-16　灯盏花

上有较为显著的效果。

灯盏花的组织培养对灯盏花的大规模生产具有至关重要的作用，灯盏花的组织培养步骤具体包括外植体消毒、愈伤组织诱导和分化、继代增殖、生根培养与炼苗移栽。

（一）外植体消毒

选择生长比较旺盛的灯盏花嫩叶作为外植体，将其用自来水清洗之后，置于75%的乙醇溶液中3秒左右，之后放在0.1%的氯化汞中浸泡60秒，捞出后用无菌水清洗4次。

（二）愈伤组织诱导和分化

在无菌环境中将消毒好的外植体接种到愈伤组织诱导培养基中进行培养，愈伤组织诱导培养基的成分为MS、2，4-D 0.5～1.0 mg/L，培养温度在28 ℃左右，培养环境应是黑暗环境。在培养20～60天后，培养基的外植体就会形成愈伤组织，愈伤组织最终会分化成苗。

（三）继代增殖

在幼苗长出后，将幼苗移到增殖培养基中进行增殖培养。在不同的继代培养基中，灯盏花的增殖倍数是不同的，一般来说，在BA为0.5 mg/L时，灯盏花植株的生长态势最好，在BA为0～1.0 mg/L、NAA小于2.0 mg/L时，灯盏花植株的生长态势同样较好，因此，增殖培养基可以选择MS+BA 0.5 mg/L，或MS+BA 0～0.5 mg/L+NAA 0.2 mg/L。培养温度为28 ℃左

右，培养时要将培养基放在自然光照环境中。

（四）生根培养

当苗长得比较健壮且有新叶长出时，将苗移到生根培养基中进行培养，生根培养基的成分是 MS、IBA 1.0 mg/L、NAA 2.0 mg/L，培养温度为 28 ℃左右，培养时要将培养基放在自然光照环境中。

（五）炼苗移栽

将长出健壮的根的苗放在室温中炼苗两天，之后将苗用清水洗净，并放在0.3%的多菌灵溶液中消毒 5 分钟，随后将消毒后的苗铺到厚度大致为 3 cm 的苗床上，苗床上方搭建有遮阴网的小篷，在篷中培养 10 ~ 15 天之后，可揭开遮阴网，继续培养十几天后，可将苗移栽到大田。

第六章　粮食作物组织培养实践

粮食作物是维持人类日常生活的物质基础，组织培养技术在粮食作物种植方面的广泛应用，对作物的品种改良、快速繁殖、种质创新、离体保存等均起着重要作用。本章主要介绍水稻、小麦、玉米、高粱、大麦、荞麦、马铃薯、甘薯等粮食作物的组织培养具体方法。

第一节　水稻和小麦作物的组织培养

一、水稻组织与细胞培养技术

水稻是世界上最主要的一种粮食作物，为一年生禾本科自花授粉植物，喜高温、多湿、短日照。按照不同的分类标准，可将水稻分为籼稻和粳稻、早稻和中晚稻、糯稻和非糯稻。

目前，水稻的离体培养主要应用于体细胞无性系的建立、体细胞突变体的筛选、远缘杂种幼胚的拯救、转基因受体再生体系的建立等方面。可用于离体培养的外植体包括花药、花粉、成熟胚、幼胚等。

（一）水稻花药培养

水稻花药培养的主要实验材料为水稻幼穗，具体实验过程如下。

1. 培养基

①诱导培养基：N6 + 2，4 - D 2.0 mg/L + NAA 0.5 mg/L + 蔗糖 5.0%（W/V）+ 琼脂粉 0.8%（W/V）。

②分化培养基：MS + NAA 1.0 mg/L + IAA 0.5 mg/L + KT 2.0 mg/L + 蔗糖 3.0%（W/V）+ 琼脂粉 0.8%（W/V）。

③生根培养基：1/2MS 大量元素 + 全量 MS 铁盐和其他成分 + IAA 0.5 mg/L + 蔗糖 2.5%（W/V）+ 琼脂粉 0.8%（W/V）。

将上述培养基的 pH 控制在 5.8 ~ 6.0，并在 121 ℃的 0.1 MPa 压力下湿热灭菌 20 ~ 30 分钟。

2. 实验步骤

①取材。选取主茎或第1分蘖小孢子位于单核中期的幼穗。

②预处理。用湿纱布包好幼穗，再套入塑料袋中，在7~10 ℃的低温环境中进行10~15天的预处理。

③接种。用70%的乙醇擦拭后剥除叶鞘，取出穗子进行花药接种。接种时用镊子将花药取出，先放在无菌纸上，再倒入培养瓶中。

④愈伤组织的诱导。将接种后的材料置于26~28 ℃的环境中进行暗培养，以诱导愈伤组织。

⑤愈伤组织的分化。愈伤组织出现大约10天后，即可长到小米粒大小，将其转入分化培养基上诱导植株分化。最初3~5天，分化培养应在暗中进行，然后转至光照强度为1000~2000 lx、光照时间为每天14小时、温度为27 ℃的环境下进行。

⑥壮苗培养与移栽。将分化培养基上陆续出现的绿苗分批转移至壮苗培养基上，当试管苗长出至少3片叶且形成发达根系时，进行炼苗移栽。

3. 实验结果

在诱导培养基上培养离体花药2~4周后，花药内的花粉细胞就会长出愈伤组织或胚状体，将其转移至分化培养基上，一段时间后胚状体会逐渐变绿，开始分化出绿芽，最终长成小苗。

（二）水稻花粉悬浮培养

水稻花粉悬浮培养的主要实验材料为小孢子发育到单核靠边期的水稻幼穗，具体实验过程如下。

1. 培养基

①花药预培养培养基：N6+2，4-D 1.0 mg/L+KT 0.2 mg/L+脯氨酸100 mg/L+水解酪蛋白500 mg/L。

②花粉悬浮培养基：KM8P+2，4-D 1.0 mg/L+脯氨酸100 mg/L+水解酪蛋白500 mg/L+蔗糖9.0%（W/V）。

③愈伤组织生长的固体培养基：N6+2，4-D 1.0 mg/L+KT 0.5 mg/L+水解酪蛋白250 mg/L+蔗糖3.0%（W/V）+琼脂粉0.7%（W/V）。

④分化培养基：MS+6-BA 2.0 mg/L+NAA 0.5 mg/L+蔗糖3.0%（W/V）+琼脂粉0.7%（W/V）。

将上述培养基的pH控制在5.8~6.0，并在121 ℃的0.1 MPa压力下湿热灭菌20~30分钟。

2. 实验步骤

①取材。将大田种植的小孢子发育到单核靠边期（叶耳间距为 2 ~ 10 cm）的水稻幼穗放入保鲜袋，并带回实验室。

②低温预处理。用湿纱布包好穗子后套入塑料袋中；或将穗子放入清水后，在 10 ℃的低温下预处理 8 ~ 10 天。

③材料消毒。先用 75% 的乙醇擦拭稻穗，再将其浸入 0.1% 的升汞溶液中消毒 10 分钟，并用无菌水冲洗 3 ~ 4 次。

④花药预培养。在无菌条件下，将稻穗中上部小花的花药接种到花药预培养的培养基上进行振荡培养，时间为 2 ~ 3 天，温度为 22 ~ 25 ℃。

⑤收集花粉。花药预培养 2 ~ 3 天后，大部分花粉会自然散落，用 40 μm 孔径的尼龙布过滤，将滤液以 500 r/min 的低速离心 3 分钟，弃去上清液，倒出花粉粒，用少量新鲜培养液离心洗涤 2 ~ 3 次，并将花粉密度调至 1.0×10^5 个/mL。

⑥花粉悬浮培养。在直径 6 cm 的培养皿中放入已灭菌的花粉悬浮培养基，并注入 3 mL 花粉粒悬浮液，用蜡带密封后放入培养室中静置培养，培养温度为白天 28 ~ 30 ℃、夜晚 20 ~ 22 ℃，光照为散光或弱光。

⑦愈伤组织生长和继代培养。经过大约 30 天的悬浮培养后，已形成的小愈伤组织应被转入固定培养基中，保持 25 ℃的温度和 1500 ~ 2000 lx 的光照强度。

⑧分化培养。将 0.5 ~ 1 mm 的白色颗粒状愈伤组织放入分化培养基中进行分化培养，培养条件为温度 22 ~ 25 ℃、光照强度 2000 ~ 3000 lx、光照时间每天 14 小时。

3. 实验结果

花药经过 2 天的漂浮培养后，会有大部分花粉从花药中散落，此时需要通过过滤离心来收集花粉。经过 3 天的悬浮培养后，花粉的形状开始发生改变，逐渐呈椭圆形，内含物明显增加，且颜色变深。5 天后，花粉中会出现不均等的细胞分裂，10 天后分裂现象更加明显，且有小细胞团出现，此时，应补充新鲜的培养液。21 天后，白色颗粒状的愈伤组织开始形成，30 天后，愈伤组织可达 0.5 mm。将愈伤组织转入固体培养基中进行继代培养，大约 2 周后，部分愈伤组织的表面开始出现绿点。

（三）水稻成熟胚培养

水稻成熟胚培养的主要实验材料为水稻种子，具体实验过程如下。

1. 培养基

①诱导培养基：N6 +2，4 - D 2.0 mg/L + 蔗糖 3.0% （W/V）+ 琼脂粉 0.7% （W/V）。

②分化培养基：MS + IAA 0.2 mg/L + KT 2.0 mg/L + 蔗糖 3.0% （W/V）+ 琼脂粉 0.7% （W/V）。

③生根培养基：1/2MS + NAA 0.5 mg/L + 蔗糖 3.0% （W/V）+ 琼脂粉 0.7% （W/V）。

将上述培养基的 pH 控制在 5.8 ~6.0，并在 121 ℃的 0.1 MPa 压力下湿热灭菌 20 ~30 分钟。

2. 实验步骤

①外植体消毒与接种。选取成熟饱满的水稻种子，将去壳后的糙米用 75% 的乙醇消毒 1 分钟，并用无菌水冲洗 3 ~5 次。用 0.1% 的升汞溶液对外植体材料进行灭菌，10 分钟后再用无菌水冲洗 4 ~5 次。将消毒后的外植体放在覆有无菌滤纸的无菌培养皿上，在超净工作台上吹干后接种至诱导培养基上，每个培养皿大约可接种 20 粒成熟胚。

②诱导培养。将接种的成熟胚放在 25 ℃的暗环境中培养 10 天，而后将其转接到诱导培养基上进行为期 2 周的继代培养，培养条件为 26 ~28 ℃的温度、每天 14 小时的光照时间、1000 ~1500 lx 的光照强度。

③分化培养。愈伤组织长至 0.5 cm 后，可将其移至分化培养基中进行分化培养，培养条件为 26 ~28 ℃的温度、每天 14 小时的光照时间、2000 ~3000 lx 的光照强度，每 2 周继代 1 次。

④壮苗移栽。将再生植株移至生根培养基上进行生根培养，培养条件与分化培养一致。当苗长出健壮的根与侧根后，对其进行敞口炼苗，并在 1 周后移至灭菌营养土中。

3. 实验结果

经过 2 周的诱导培养后，胚性愈伤组织会呈现淡黄色的致密型球状。进行培养时应注意继代时间不宜过长，且应选择高质量的愈伤组织，以保证愈伤组织的再分化能力。苗长至 5 ~8 cm 后，即可转入生根培养基中诱导生根，7 ~14 天后，取出苗并洗净根部残留的培养基，而后将其移植到无阳光直射、覆有塑料薄膜的网盆中，并保持一定湿度。确定成活后，可将其移至大田种植。

（四）水稻幼胚培养

水稻幼胚培养的主要实验材料为在田间或温室授粉后 12～15 天的水稻未成熟种子，具体实验过程如下。

1. 培养基

①诱导培养基：MS＋2，4－D 2.0 mg/L＋蔗糖 8.0%（W/V）＋琼脂粉 0.7%（W/V）。

②继代培养基：MS＋6－BA 0.5 mg/L＋NAA 0.5 mg/L＋蔗糖 8.0%（W/V）＋琼脂粉 0.7%（W/V）。

③分化培养基：MS＋KT 2.0 mg/L＋IAA 1.0 mg/L＋蔗糖 5.0%（W/V）＋琼脂粉 0.7%（W/V）。

④生根培养基：1/2MS＋NAA 0.5 mg/L＋蔗糖 3.0%（W/V）＋琼脂粉 0.8%（W/V）。

将上述培养基的 pH 控制在 5.8～6.0，并在 121 ℃的 0.1 MPa 压力下湿热灭菌 20～30 分钟。

2. 实验步骤

①外植体的制备及灭菌。将授粉后 12～15 天的水稻未成熟籽粒放入消毒瓶中，先用 75% 的乙醇漂洗 30 秒，再用 0.2% 的次氯酸钙溶液浸泡 8～10 分钟，最后用无菌水冲洗 3～4 次，以作备用。

②幼胚的剥离与接种。用已灭菌的镊子挑开种皮，取出完整幼胚后置于培养基上，每瓶培养基可放置 10～20 粒幼胚。

③诱导培养。固体培养为幼胚培养的常用方法，具体是指将幼胚接种在培养基上后，将培养物放入培养室，在 27 ℃的暗环境中进行愈伤组织诱导。

④继代培养。经过 28～30 天的培育后，那些生长旺盛、颜色鲜艳、颗粒鲜明的愈伤组织可被转移至继代培养基上进行继代培养，培养条件与诱导培养一致。

⑤分化培养。将愈伤组织转入分化培养基后，在温度 27～28 ℃、光照强度 2000～2500 lx 的条件下进行光照培养，2～3 周后，愈伤组织表面开始分化出茎叶，且茎的基部会长出白色的不定根。

⑥生根培养。当分化后的小苗长至 3～5 cm 时，可将其转接至生根培养基进行生根和壮苗，以形成健康、完整的试管苗。

⑦试管苗的移栽。将试管苗放在温室中，打开瓶口，炼苗 2～3 天后，洗去根部附着的培养基，并将苗移栽至营养土中。在移栽后的第一周应注意

避免阳光直射，以免灼伤小苗。

3. 实验结果

一般情况下，胚龄为12～13天的水稻杂种幼胚能够获得最好的培养效果，而水稻品种幼胚的胚龄以15天为宜。当诱导出的愈伤组织经过大约4周的生长后，应尽快将其转接到新鲜的培养基中，以进行继代培养或分化培养。

二、小麦组织与细胞培养技术

小麦为一年生禾本科自花授粉植物，含有大量淀粉、蛋白质、脂肪、矿物质、钙、铁、维生素A、维生素C等。目前，用于小麦离体培养的外植体主要包括幼胚、成熟胚、花药、花粉等。

（一）小麦幼胚培养

小麦幼胚培养的主要实验材料为在田间或温室授粉后12～14天的小麦未成熟种子，具体实验过程如下。

1. 培养基

①诱导培养基：MS＋2，4－D 2.0 mg/L＋蔗糖10%（W/V）＋琼脂粉0.8%（W/V）。

②继代培养基：MS＋2，4－D 1.0 mg/L＋蔗糖10%（W/V）＋琼脂粉0.8%（W/V）。

③分化培养基：MS＋KT 1.0 mg/L＋IAA 0.5 mg/L＋蔗糖10%（W/V）＋琼脂粉0.8%（W/V）。

④生根培养基：1/2MS＋NAA 0.5 mg/L＋蔗糖3.0%（W/V）＋琼脂粉0.8%（W/V）。

将上述培养基的pH控制在5.8～6.0，并在121 ℃的0.1 MPa压力下湿热灭菌20～30分钟。

2. 实验步骤

①外植体的制备及灭菌。将授粉后12～14天的小麦未成熟籽粒放入消毒瓶中，先用70%的乙醇漂洗30秒，再用0.2%的次氯酸钙溶液浸泡8～10分钟，最后用无菌水冲洗3～4次，以作备用。

②幼胚的剥离与接种。用已灭菌的镊子挑开种皮，取出完整幼胚后置于培养基上，每瓶培养基可放置10～20枚幼胚。

③诱导培养。将幼胚接种在培养基上后，再将培养物放入培养室，保持

培养室温度为 25 ~28 ℃，通过暗培养或散光培养来进行愈伤组织诱导。

④继代培养。当诱导出的愈伤组织经过 28 ~30 天的培养后，将其中生长旺盛、颜色鲜艳、颗粒明显的愈伤组织转移到继代培养基上进行继代培养，培养条件与诱导培养一致。

⑤分化培养。愈伤组织逐渐长出黄色颗粒状的胚状体和绿色的不定芽后，可将其转移到分化培养基上，在温度为 26 ~28 ℃、光照强度为 1500 ~2500 lx、光照时间为每天 12 ~14 小时的条件下进行分化培养。2 ~3 周后，愈伤组织表面开始分化出茎叶，茎的基部逐渐长出白色的不定根。

⑥生根培养。当分化出的小苗长至 3 ~5 cm 后，将其转移到生根培养基上进行生根和壮苗，以形成健康、完整的试管苗。

⑦试管苗的移栽。将试管苗放在温室中，打开瓶口，炼苗 2 ~3 天后，洗去苗根附着的培养基，并将苗移栽至营养土中。注意避免阳光直射，以防小苗灼伤。

3. 实验结果

愈伤组织在诱导培养基上生长 4 周后，会因营养物质的减少、水分的散失、分泌产物的积累等因素，而减慢生长速度甚至停止生长，因此，应及时将愈伤组织转移到新鲜培养基上进行继代培养，以保证愈伤组织能够长期处于旺盛的生长状态，便于日后研究时使用。转接愈伤组织的最佳时机应在其生长速度到达巅峰之前，因为愈伤组织一旦停止生长，细胞的分裂增殖就将难以恢复。

（二）小麦成熟胚培养

小麦成熟胚培养的主要实验材料为成熟的小麦种子，具体实验过程如下。

1. 培养基

①诱导培养基：MS +2，4 – D 2.0 mg/L + NAA 0.1 mg/L + 水解酪蛋白 500 mg/L + 蔗糖 3.0% （W/V）+ 琼脂粉 0.7% （W/V）。

②继代培养基：MS +2，4 – D 1.5 mg/L + 蔗糖 3.0% （W/V）+ 琼脂粉 0.7% （W/V）。

③分化培养基：MS + KT 0.5 mg/L + IAA 0.5 mg/L + 蔗糖 3.0% （W/V）+ 琼脂粉 0.7% （W/V）。

④生根培养基：1/2MS + NAA 0.5 mg/L + 蔗糖 3.0% （W/V）+ 琼脂粉 0.8% （W/V）。

将上述培养基的 pH 控制在 5.8～6.0，并在 121 ℃的 0.1 MPa 压力下湿热灭菌 20～30 分钟。

2. 实验步骤

①外植体的制备。选取大小一致、籽粒饱满、当年收获的小麦种子，先用无菌水冲洗 2 次，再用 70% 的乙醇处理 5 分钟，用升汞溶液消毒 15 分钟后，再用无菌水清洗 4～5 次，最后在室温下将种子浸泡在无菌水中 15～20 小时，以作备用。

②诱导培养。用镊子和解剖刀取出成熟胚，将成熟胚接种到愈伤诱导培养基上，每瓶可接种 25 枚左右。在 25 ℃的暗环境下对接种物进行愈伤组织的诱导，14 天后，统计愈伤组织诱导率。

③继代培养。将诱导出的愈伤组织转入继代培养基中，通过继代来增加愈伤组织数。

④分化培养。将继代培养的愈伤组织转入分化培养基中，每瓶可转接 8～10 枚愈伤组织块，在温度为 25～28 ℃、光照强度为 2000～3000 lx 的条件下进行分化培养，30 天后，统计愈伤分化率。

⑤生根培养。当分化出的小苗长至 3～5 cm 时，将其转接到生根培养基上进行生根和壮苗，以获得健康、完整的试管苗。

⑥试管苗的移栽。将试管苗放在温室中，打开瓶口，炼苗 2～3 天后，洗去苗根附着的培养基，并将苗移栽至营养土中。移栽后第 1 周应注意避免阳光直射，以防小苗被灼伤。

3. 实验结果

小麦成熟胚的愈伤诱导进行到第 6 天时，愈伤块较小，生长发育不完全；进行到第 12～14 天时，分化率开始变高，愈伤组织大多表现为表面凹凸不平、大小等同于黄豆粒、干燥致密，胚性愈伤的比例较高；愈伤诱导的时间如果继续增加，愈伤块就会呈现水浸状，胚性愈伤的比例逐渐降低。综上，在小麦成熟胚的培养过程中，进行 12～14 天的愈伤诱导能够获得较为理想的愈伤分化率。

（三）小麦花药培养

小麦花药培养的主要实验材料为小孢子发育到单核中期至靠边期的小麦幼穗，具体实验过程如下。

1. 培养基

①诱导培养基：C17 + 2，4 - D 2.0 mg/L + KT 0.5 mg/L + 蔗糖 9%

（W/V）+琼脂粉0.6%（W/V）。

②分化培养基：C17 + KT 1.5 mg/L + IAA 1.0 mg/L + 蔗糖3.0%（W/V）+琼脂粉0.6%（W/V）。

③生根培养基：1/2MS + NAA 0.5 mg/L + 蔗糖3.0%（W/V）+琼脂粉0.6%（W/V）。

将上述培养基的pH控制在5.8～6.0，并在121 ℃的0.1 MPa压力下湿热灭菌20～30分钟。

2. 实验步骤

①取材。将大田种植的小孢子发育到单核中期至靠边期的小麦幼穗放在保鲜袋中，并带回实验室。

②预处理。将穗子插在水中，放在4 ℃的冰箱中低温预处理3～5天。

③接种。用70%的乙醇擦拭后将叶鞘剥除，在无菌条件下，先剪去颖壳上端的1/3，再用镊子夹取花药，将其接种到愈伤组织诱导培养基中。

④诱导培养。将接种好的花药放在25 ℃的散射光下培养，2周后，再将其置于强度为1500～2000 lx的光照下，每天光照12小时，50天后，统计花药反应率和愈伤组织诱导率。

⑤分化培养。将诱导的愈伤组织转入分化培养基中，在温度为26～28 ℃、光照强度为2000～3000 lx、光照时间为每天12小时的条件下进行分化培养，25天后，统计绿苗分化率和绿苗产量。

⑥生根培养。当分化出的小苗长至3～5 cm时，将其转接到生根培养基上进行生根和壮苗，以获得健康、完整的试管苗。

⑦试管苗的移栽。将试管苗放在温室中，打开瓶口，炼苗2～3天后，洗去苗根附着的培养基，并将苗移栽至营养土中。注意避免阳光直射，以免小苗灼伤。

3. 实验结果

在诱导培养的过程中，花药的颜色会逐渐由奶油色变为黄褐色，且花药边缘开始出现小水珠，继而形成花粉胚或愈伤组织。30～50天后，将直径2 mm、颜色淡黄、结构致密、具备再生能力的花药愈伤组织转接到分化培养基中进行分化培养，通常分2～3批转接，以免削弱愈伤组织绿苗的分化潜力。

（四）小麦花粉液体培养

小麦花粉液体培养的主要实验材料为小孢子发育到单核靠边期的小麦幼

穗，具体实验过程如下。

1. 培养基

①花药漂浮和散落花粉的液体培养基：N6 +2，4 – D 2.0 mg/L + L – 丝氨酸 0.1 g/L + 谷氨酰胺 0.8 g/L + 肌醇 5 g/L + 蔗糖 5%（W/V）。

②愈伤组织生长的固体培养基：N6 +2，4 – D 2.0 mg/L + KT 0.5 mg/L + 水解乳蛋白 0.25 g/L + 蔗糖 5%（W/V）+ 琼脂粉 0.7%（W/V）。

③分化培养基：N6 + KT 1.0 mg/L + IAA 0.5 mg/L + 蔗糖 3.0%（W/V）+ 琼脂粉 0.7%（W/V）。

④生根培养基：MS + NAA 0.5 mg/L + 蔗糖 3.0%（W/V）+ 琼脂粉 0.6%（W/V）。

将上述培养基的 pH 控制在 5.8 ~6.0，并在 121 ℃的 0.1 MPa 压力下湿热灭菌 20 ~30 分钟。

2. 实验步骤

①取材。将大田种植的小孢子发育到单核靠边期的小麦幼穗放在保鲜袋中，并带回实验室。

②预处理。将穗子插在水中，放在 4 ℃的冰箱中低温预处理 8 ~10 天。

③接种及液体培养。用 70% 的乙醇擦拭后将叶鞘剥除，在无菌条件下，先剪去颖壳上端的 1/3，再用镊子夹取花药，将其接种到盛有花药漂浮和散落花粉的液体培养基的培养皿中进行浅层漂浮培养，培养条件为 25 ~27 ℃的暗培养。

④愈伤组织固体培养。经过 20 天的花药浅层漂浮培养后，培养皿中会出现大量由花粉细胞启动雄核发育而形成的多细胞团和小愈伤组织，将小愈伤组织转移到固体培养基上，保持 26 ℃的温度、1500 ~2000 lx 的光照强度，以维持愈伤组织的继续生长。

⑤分化培养。20 ~30 天后，愈伤组织的直径大约长到 5 mm，将其转入分化培养基中，在温度为 26 ~28 ℃、光照强度为 2000 ~3000 lx、光照时间为每天 12 ~14 小时的条件下进行分化培养，25 天后，统计绿苗分化率。

⑥生根培养。当分化出的小苗长至 3 ~5 cm 时，将其转接到生根培养基上进行生根和壮苗，以获得完整、健康的试管苗。

⑦试管苗的移栽。将试管苗放在温室中，打开瓶口，炼苗 2 ~3 天后，洗去苗根附着的培养基，并将苗移栽至营养土中。

3. 实验结果

4～8 天后，漂浮培养的花药会有大量花粉散落，此时花粉细胞可启动雄核发育；16 天后，培养皿中开始出现多细胞团；20 天后，每个培养皿中都会有大量的多细胞团和小愈伤组织。将小愈伤组织置于新鲜固体培养基中 20～30 天后，小愈伤组织会长成直径 5 mm 的乳白色球状愈伤组织，将其转入分化培养基中进行分化培养，20～30 天后，可分化出无根绿苗。

第二节　玉米和高粱作物的组织培养

一、玉米组织与细胞培养技术

玉米为一年生雌雄同株异花授粉植物，禾本科玉蜀黍族玉蜀黍属玉米种栽培玉米亚种。玉米植株高大、茎强壮，且含有丰富的蛋白质、脂肪、维生素、纤维素、微量元素等，是一种较为重要的粮食作物和饲料作物。玉米组织培养中常用的外植体包括成熟胚、幼胚、茎尖、单倍体胚芽鞘等。

（一）玉米成熟胚培养

玉米成熟胚培养的主要实验材料为玉米成熟种子，具体实验过程如下。

1. 培养基

①诱导培养基：MB 培养基（MS 培养基的大量元素、铁盐、微量元素、B5 培养基有机物质）+2，4－D 2.0 mg/L +6－BA 0.5 mg/L + 甘氨酸 2.0 mg/L + 水解酪蛋白 500 mg/L + 蔗糖 3.0%（W/V）+ 琼脂粉 0.8%（W/V）。

②继代培养基：MS 培养基 +2，4－D 1.5 mg/L +6－BA 0.5 mg/L + 水解酪蛋白 500 mg/L + 蔗糖 3.0%（W/V）+ 琼脂粉 0.8%（W/V）。

③分化培养基：MS 培养基 +6－BA 1.0 mg/L + IAA 0.5 mg/L + 水解酪蛋白 500 mg/L + 蔗糖 3%（W/V）+ 琼脂粉 0.8%（W/V）。

④生根培养基：1/2MS 培养基 + NAA 0.5 mg/L + 蔗糖 3%（W/V）+ 琼脂粉 0.8%（W/V）。

将上述培养基的 pH 控制在 5.8～6.0，并在 121 ℃的 0.1 MPa 压力下湿热灭菌 20～30 分钟。

2. 实验步骤

①种子消毒和预处理。将发育良好的玉米种子冲洗干净，先用 75% 的乙醇浸泡 8～10 分钟，无菌水冲洗 3～4 次，再用 2%（W/V）的次氯酸钠

溶液浸泡 30 分钟，无菌水冲洗 3 ~ 4 次，最后将种子放在含有 2，4 – D 的无菌水中浸泡 24 小时，用 2%（W/V）的次氯酸钠浸泡 10 分钟，无菌水冲洗 4 ~ 5 次。

②胚的剥离与接种。剥取无菌种子上完整的胚，将其置于诱导培养基上。培养器应为透明的直径 8.5 cm、高 2 cm 的塑料培养皿，每个培养皿可均匀放置 25 个成熟胚。

③愈伤组织诱导培养。用固体培养的方法将接种后的培养物置于培养室中，在温度为 25 ~ 28 ℃的暗培养环境下进行愈伤组织诱导。

④愈伤组织继代培养。28 ~ 30 天后，从诱导出的愈伤组织中挑选生长旺盛、颜色鲜艳、颗粒明显的愈伤组织，将其转至继代培养基上进行继代培养。

⑤愈伤组织的分化培养。在愈伤组织长出黄色颗粒状的胚状体和绿色的不定芽后，将其置于分化培养基上继续培养，在光照强度为 2000 ~ 3000 lx、光照时间为每天 14 ~ 16 小时的条件下，可分化出小苗。

⑥生根培养。当分化出的小苗长至 3 ~ 5 cm 时，将其转接到生根培养基上进行生根和壮苗，以获得完整、健康的试管苗。

⑦试管苗的移栽。将试管苗放在温室中进行炼苗，2 ~ 3 天后，将苗移栽至营养土中。

3. 实验结果

愈伤组织诱导培养 30 天后，统计愈伤组织块数，用诱导出愈伤组织的胚数占接种胚数的百分率表示愈伤组织诱导率。分化培养 30 天后，统计具有植株再生能力的愈伤组织块数和每块愈伤组织再生出的植株数量，用能够再生出植株的愈伤组织数量占用来分化的愈伤组织总数的百分率表示愈伤组织的植株再生潜力。

（二）玉米幼胚培养

玉米幼胚培养的主要实验材料为授粉后 9 ~ 12 天、幼胚大小 1.5 ~ 2.0 mm 的幼穗，具体实验过程如下。

1. 培养基

①诱导培养基：N6 + 2，4 – D 2.0 mg/L + 肌醇 0.1 mg/L + L – 脯氨酸 500 mg/L + 水解酪蛋白 500 mg/L + $AgNO_3$ 10 mg/L + 蔗糖 3.0%（W/V）+ 琼脂粉 0.8%（W/V）。

②继代培养基：与诱导培养基一致。

③分化培养基：MS+6-BA 0.5 mg/L+水解酪蛋白500 mg/L+谷氨酰胺200 mg/L+蔗糖3.0%（W/V）+琼脂粉0.8%（W/V）。

④生根壮苗培养基：1/2MS+NAA 2.0 mg/L+6-BA 0.5 mg/L+PP333 2.0 mg/L+活性炭0.2%（W/V）+蔗糖3.0%（W/V）+琼脂粉0.8%（W/V）。

将上述培养基的pH控制在5.8~6.0，并在121 ℃的0.1 MPa压力下湿热灭菌20~30分钟。

2. 实验步骤

①外植体消毒及挑幼胚。先用75%的乙醇擦拭玉米幼穗外层叶片，再用75%的乙醇擦拭玉米外层叶片，剥一层擦一层，直至外层叶片结束，从幼穗上切下籽粒，去掉1/3玉米籽粒，挑选幼胚。

②诱导分化。将幼胚接种到准备好的诱导培养基中，每个培养皿可接种20~30个幼胚。将幼胚培养物置于25 ℃的暗环境中培养20~25天后，统计玉米幼胚诱导愈伤组织的诱导率。

③愈伤组织的继代与分化。挑选生长旺盛的胚性愈伤组织，用镊子将其接种在继代培养基上，每28~30天继代1次，经过2~3次继代培养后，即可挑选生长良好的愈伤组织进行分化培养，培养条件为24~26 ℃的温度、1500~2000 lx的光照强度、每天12~14小时的光照时间，35天后，统计胚性愈伤组织的分化率。

④壮苗生根。当苗长至2~3 cm时，将其转入壮苗生根培养基，大约10天后，将根部的培养基冲洗干净，将苗移栽至花盆培养，等到小苗更加健壮一些后，将其移栽至大田或温室。

⑤移栽与管理。移栽前，应对移栽所用基质进行灭菌，并将根部的培养基清洗干净。可将培养物不开口移至自然光照下锻炼2~3天，再开口炼苗1~2天，以适应日后的温度、湿度和光照。

3. 实验结果

玉米幼胚接种1周后，愈伤组织开始形成，20~25天后，统计愈伤组织诱导率和胚性愈伤组织诱导率。将色泽鲜亮、结构致密的胚性愈伤组织转入分化培养基中进行分化培养，大约1周后，愈伤组织的表面开始出现绿点，25天后，统计愈伤组织分化率和绿苗率。

（三）玉米胚芽鞘节培养

玉米胚芽鞘节培养的主要实验材料为玉米成熟种子，具体实验过程如下。

1. 培养基

①种子发芽培养基：MS 大量元素、微量元素及有机成分 + MES 1950 mg/L + 氯化镁 750 mg/L + 谷氨酰胺 500 mg/L + 抗坏血酸 100 mg/L + 毒莠定 10 mg/L + 酪蛋白水解物 100 mg/L + 6 – BA 3.0 mg/L + 麦芽糖 4.0（W/V）+ 琼脂粉 0.8%（W/V）。

②愈伤组织诱导培养基：MS 大量元素、微量元素及有机成分 + 盐酸硫胺素 0.5 mg/L + 水解酪蛋白 500 mg/L + 脯氨酸 1380 mg/L + 硝酸银 3.4 mg/L + 2，4 – D 0.5 mg/L + 毒莠定 2.2 mg/L + 蔗糖 3.0%（W/V）+ 琼脂粉 0.8%（W/V）。

③继代培养基：N6 大量元素、微量元素及有机成分 + 水解酪蛋白 500 mg/L + 脯氨酸 700 mg/L + 2，4 – D 2.0 mg/L + 蔗糖 3.0%（W/V）+ 明胶 0.27%（W/V）。

④分化培养基：MS + 肌醇 100 mg/L + 脯氨酸 500 mg/L + 水解酪蛋白 500 mg/L + 谷氨酰胺 250 mg/L + 琥珀酸 25 mg/L + 蔗糖 3.0%（W/V）+ 明胶 3.0%（W/V）。

⑤生根培养基：MS + NAA 0.5 mg/L + 蔗糖 3.0%（W/V）+ 明胶 12%（W/V）。

将上述培养基的 pH 控制在 5.8 ~ 6.0，并在 121 ℃的 0.1 MPa 压力下湿热灭菌 20 ~ 30 分钟。

2. 实验步骤

①种子消毒与发芽。将玉米成熟种子放入烧杯，加入 70% 的乙醇漂洗 1 分钟，用无菌水冲洗 3 ~ 4 次，在 2% 的次氯酸钠溶液中浸泡 20 分钟，再用无菌水冲洗 4 ~ 5 次，最后用无菌水浸泡过夜。剥离成熟胚，将其接种到发芽培养基中，在温度为 25 ℃、光照强度为 2000 lx、光照时间为每天 16 小时的条件下，培养 7 ~ 10 天。

②外植体的制备及愈伤组织的诱导。当成熟胚萌发形成的幼苗长至 5 ~ 6 cm 时，切取约 1 cm 的胚芽鞘节，将其接种于愈伤组织诱导培养基中，尽量使切面紧贴培养基。

③愈伤组织的继代。将从胚芽鞘节诱导出的愈伤组织转移到继代培养基中，进行 25 ℃的暗培养，每 21 天继代 1 次。

④愈伤组织的分化。将质地紧密、色泽淡黄的愈伤组织转入分化培养基，在温度为 25 ℃、光照强度为 2000 lx、光照时间为每天 16 小时的条件

下进行愈伤组织的分化。

⑤生根与移栽。将长至3~5 cm的待分化再生植株转入生根培养基中，再将生根良好的植株移栽花盆，放在温室中生长7~10天，最后将移栽成活的植株定植于温室。

3. 实验结果

将胚芽鞘节作为外植体，不仅取材方便，而且不会受到季节影响。以玉米单倍体胚芽鞘节为外植体，有助于通过愈伤组织的扩繁来分化出大量单倍体植株，提升单倍体加倍的成功率，是玉米单倍体育种的常用途径。

（四）玉米叶片培养

玉米叶片培养的主要实验材料为玉米幼嫩叶片，具体实验过程如下。

1. 培养基

①诱导培养基：MS+6-BA 1.0 mg/L+NAA 0.5 mg/L+蔗糖2.0%（W/V）+琼脂粉0.8%（W/V）。

②分化培养基：MS+6-BA 0.5 mg/L+NAA 0.8 mg/L+蔗糖2.0%（W/V）+琼脂粉0.8%（W/V）。

③生根培养基：1/2MS+NAA 0.8 mg/L+蔗糖2.0%（W/V）+琼脂粉0.8%（W/V）。

将上述培养基的pH控制在5.8~6.0，并在121 ℃的0.1 MPa压力下湿热灭菌20~30分钟。

2. 实验步骤

①外植体消毒与接种。用自来水冲洗带有生长叶片组织的玉米植株30分钟，再将该植株浸泡在0.1%的升汞溶液中30分钟，用无菌水冲洗5次后，用无菌吸水纸吸去叶片表面水分并切下生长叶片组织，将生长叶片组织作为外植体接种于诱导培养基上，进行25 ℃的暗培养。

②愈伤组织的诱导。玉米生长叶片组织经过8天的培养后，会有少数由于受伤等原因而变褐、死亡，其余存活下来的生长叶片组织则会逐渐成长为松散、乳白色的丛生芽。

③愈伤组织的分化。当生长叶片组织长出2个芽苗时，分割芽苗进行继代培养增殖，7天后可获得增殖后的芽苗。一般情况下，生长良好的芽苗平均可长至1.2 cm。

④生根培养。当芽苗长至1.2 cm时，可分离出无根芽苗，将其接种至生根培养基中，观察生根情况，统计生根率。

3. 实验结果

经过2～3天的接种和培养，玉米叶片会伸长1 cm左右，8天后，叶片细胞逐渐增殖生成芽苗；将芽苗接种在分化培养基上培养7天后，可诱导出玉米幼苗；将玉米幼苗转接到生根培养基中，8天后，幼苗诱导生根，完整的玉米组织培养植株基本形成。

二、高粱组织与细胞培养技术

高粱属一年生草本植物，禾本科禾亚科高粱属高粱种，具有喜温、喜光、耐盐碱、耐瘠薄、耐高温等特点，既抗旱又耐涝，是我国主要的杂粮作物。高粱不仅可食用，还能作为制作淀粉、乙醇、糖的原料。高粱离体培养常用的外植体包括花药、幼穗、幼胚等。

（一）高粱花药培养

高粱花药培养的主要实验材料为小孢子发育至单核中期的高粱幼穗，具体实验过程如下。

1. 培养基

①诱导培养基：MS＋2，4－D 1.5 mg/L＋ZT 1.0 mg/L＋蔗糖8.0%（W/V）＋琼脂粉0.6%（W/V）。

②分化培养基：MS＋IAA 1.0 mg/L＋ZT 2.0 mg/L＋蔗糖3.0%（W/V）＋琼脂粉0.6%（W/V）。

将上述培养基的pH控制在5.8～6.0，并在121 ℃的0.1 MPa压力下湿热灭菌20～30分钟。

2. 实验步骤

①幼穗低温预处理。将带有苞叶且小孢子发育至单核中期的高粱幼穗置于4 ℃的低温中预处理2～3天。

②外植体消毒与接种。用75%的乙醇擦拭幼穗苞叶，再用镊子剥开苞叶，夹取花药至诱导培养基。

③诱导培养。每瓶培养基可接种60～80枚花药，将接种好的瓶子置于27～29 ℃的环境中进行暗培养，以诱导愈伤组织或花粉胚的形成。

④分化培养。当愈伤组织的直径长到1～2 mm时，将其移植到再分化培养基上，在25～30 ℃、2000～2500 lx的条件下进行光照培养，每天保持12小时的光照以诱导植株的分化。

⑤壮苗移栽。当不定芽长至5～7 cm、不定根长至2～5 cm时，敞口炼

苗2～4天，取出试管苗并洗去根部培养基后，将其移栽于灭菌介质中炼苗3～5天，最后移栽至大田或温室。

3. 实验结果

经过为期4天的离体培养，花药开始由淡黄绿色逐渐变为黄褐色甚至浅黑色。一个月后，部分花药上开始出现浅白色颗粒状的愈伤组织，将其接种在分化培养基上，20天左右便可分化出幼苗。

（二）高粱幼穗培养

高粱幼穗培养的主要实验材料为高粱幼穗，具体实验过程如下。

1. 培养基

①诱导培养基：MS+2，4－D 2.0 mg/L+蔗糖3.0%（W/V）+琼脂粉0.8%（W/V）。

②分化培养基：MS+BA 2.0 mg/L+NAA 0.5 mg/L+IAA 0.5 mg/L+蔗糖3.0%（W/V）+琼脂粉0.8%（W/V）。

③生根培养基：MS+蔗糖3.0%（W/V）+琼脂粉0.8%（W/V）。

将上述培养基的pH控制在5.8～6.0，并在121 ℃的0.1 MPa压力下湿热灭菌20～30分钟。

2. 实验步骤

①外植体准备与接种。用75%的乙醇擦拭授粉7天后的幼穗的外层苞叶，在4 ℃的环境中预处理12～24小时，再用75%的乙醇对经过预处理的幼穗进行表面消毒。取出长约7 cm的长幼穗，将其切成1～2 mm的茎段，接种到诱导培养基中。

②诱导培养。每个培养皿内可接种20个外植体，在培养室中进行每天16小时、强度为2000 lx的光照培养，将培养温度控制在22～24 ℃，30天后，统计愈伤组织诱导率。

③继代培养与分化。7～14天后，将质地紧密的黄色愈伤组织转接到分化培养基上，在26 ℃的恒温培养箱中保持每天16小时、强度为1600 lx的光照，经过28～35天的分化培养后，再生芽长到3 cm左右，此时统计分化率。

④生根壮苗。不定芽长到5 cm后，将其转移到生根培养基中。

⑤炼苗移栽。移栽前先打开培养瓶的瓶盖，在常温下炼苗2～5天，移栽后将幼苗培养温度保持在23～26 ℃，每7天浇水1次。

3. 实验结果

幼穗切段接种 3 周后，愈伤组织开始形成，5 ~ 6 周后，大部分外植体都已诱导出愈伤组织。去除褐化严重的愈伤组织后，将其余的愈伤组织转移到继代培养基上，经过 2 周的分化培养后，愈伤组织上开始出现绿点，而后分化出不定芽。当不定芽长到 5 cm 时，将其转移到生根培养基上，大约 1 周后便可生出 1 ~ 3 条白色的根。

（三）高粱幼胚培养

高粱幼胚培养的主要实验材料为高粱幼胚，具体实验过程如下。

1. 培养基

①诱导培养基：MS + 2，4 - D 2.0 mg/L + KT 0.5 mg/L + 蔗糖 3.0%（W/V）+ 琼脂粉 0.7%（W/V）。

②继代培养基：MS + 2，4 - D 1.0 mg/L + KT 0.5 mg/L + 蔗糖 3.0%（W/V）+ 琼脂粉 0.7%（W/V）。

③分化培养基：MS + 脯氨酸 1.0 mg/L + PVP 1.0 g/L + 蔗糖 3.0%（W/V）+ 琼脂粉 0.7%（W/V）。

④生根培养基：1/2MS + 聚乙烯吡咯烷酮 1.0 g/L + 蔗糖 3.0%（W/V）+ 琼脂粉 0.7%（W/V）。

将上述培养基的 pH 控制在 5.8 ~ 6.0，并在 121 ℃的 0.1 MPa 压力下湿热灭菌 20 ~ 30 分钟。

2. 实验步骤

①外植体准备与消毒。用自来水冲洗授粉后 15 ~ 18 天的高粱幼嫩种子，用 70% 的乙醇消毒 30 秒，用无菌水冲洗 2 次，用 0.1% 的升汞溶液浸泡 3 分钟后，再用无菌水冲洗 4 次。

②诱导培养。用镊子剥去种皮，取出幼胚，将幼胚接种到诱导培养基上。每个三角瓶可接种 6 ~ 10 个幼胚，在 20 ℃的培养箱中进行暗培养。

③继代培养。诱导培养 20 天后，将愈伤组织转移到继代培养基上，每 2 ~ 3 周继代 1 次。

④分化培养。将优质的愈伤组织转移到分化培养基上，在温度为 20 ℃、光照时间为每天 16 小时、光照强度为 2000 lx 的条件下进行光培养。

⑤壮苗移栽。再生苗长至 5 cm 后，将其转移到生根培养基上进行根的诱导，而后进行炼苗移栽。为防止根部在移栽后被土壤中的微生物污染，应在栽苗前对土壤进行灭菌。

3. 实验结果

将幼胚接种到诱导培养基上大约3天后，胚开始逐渐膨大，1周左右会形成凹凸不平的愈伤组织，30天后，愈伤组织长到6～7 mm，同时伴随着大量叶绿素的出现，此时最适合愈伤组织的继代培养和分化培养。

第三节　大麦和荞麦作物的组织培养

一、大麦组织与细胞培养技术

大麦，一年生禾本科早熟禾亚科小麦族大麦属大麦种，具有生育期短、早熟、对气候适应性强等特点，在世界范围内种植广泛。大麦中的碳水化合物含量较高，也含有一定量的蛋白质、钙、磷等，以及少量B族维生素，因此常用于饲料、啤酒、医药等的制作与生产。在大麦离体培养中，常用的外植体包括幼胚、成熟胚、花药等。

（一）大麦幼胚培养

大麦幼胚培养的主要实验材料为未成熟的大麦种子，具体实验过程如下。

1. 培养基

①愈伤组织诱导培养基：MS＋2，4－D 2.0 mg/L＋ABA 0.5 mg/L＋水解酪蛋白300 mg/L＋麦芽糖5%（W/V）＋琼脂粉0.7%（W/V）。

②愈伤组织分化培养基：MS＋KT 1.0 mg/L＋IAA 0.1 mg/L＋麦芽糖5.0%（W/V）＋琼脂粉0.7%（W/V）。

③生根培养基：1/2MS＋NAA 0.5 mg/L＋蔗糖3.0%（W/V）＋琼脂粉0.7%（W/V）。

将上述培养基的pH控制在5.8～6.0，并在121 ℃的0.1 MPa压力下湿热灭菌20～30分钟。

2. 实验步骤

①未成熟种子的消毒。将未成熟的幼穗剪下后，从中剥取幼嫩种子并置于消毒瓶中，用70%的乙醇消毒30秒后，再用0.1%的升汞溶液浸泡8～10分钟，最后用无菌水冲洗3～4次。

②愈伤组织的诱导。用镊子取出幼胚，将其接种到愈伤组织诱导培养基上，并在25 ℃的环境下进行散光培养。

③愈伤组织的分化。将诱导出的愈伤组织转移至分化培养基，在温度为26～28 ℃、光照时间为每天16小时、光照强度为3000 lx的条件下进行愈伤组织分化。

④生根培养。当分化出的小苗长至3～5 cm时，将其转接到生根培养基上进行生根和壮苗，以形成健康的完整植株。

3. 实验结果

大约14天后，诱导培养基上的大麦幼胚即可诱导出愈伤组织，28天后，将诱导出的胚性愈伤组织转入分化培养基中进行分化培养，再过2周便可分化出幼苗，注意统计绿苗分化率。

（二）大麦成熟胚培养

大麦成熟胚培养的主要实验材料为已成熟的大麦种子，具体实验过程如下。

1. 培养基

①愈伤组织诱导培养基：MS+2，4-D 2.0 mg/L+谷氨酰胺5.0 mg/L+水解酪蛋白300 mg/L+蔗糖3.0%（W/V）+琼脂粉0.7%（W/V）。

②愈伤组织分化培养基：MS+KT 1.0 mg/L+IAA 0.5 mg/L+蔗糖5%（W/V）+琼脂粉0.7%（W/V）。

③生根培养基：1/2MS+NAA 0.5 mg/L+蔗糖3.0%（W/V）+琼脂粉0.7%（W/V）。

将上述培养基的pH控制在5.8～6.0，并在121 ℃的0.1 MPa压力下湿热灭菌20～30分钟。

2. 实验步骤

①种子的消毒。将籽粒饱满、大小一致的小麦种子放入消毒瓶，先用75%的乙醇消毒5～10分钟，再用2.0%的次氯酸钠溶液浸泡15～20分钟，最后用无菌水冲洗3～4次。

②浸种。用无菌水浸泡已消毒的种子12～14小时，再用2.0%的次氯酸钠溶液浸泡15分钟，用无菌水冲洗3～4次。

③愈伤组织的诱导。用镊子剥开种皮，取出胚胎，将其接种到愈伤组织诱导培养基上，在25 ℃的环境下进行暗培养。

④愈伤组织的继代。将诱导出的愈伤组织转接到继代培养基上，在25 ℃的环境下进行散光培养，以诱导愈伤组织。

⑤愈伤组织的分化。将诱导出的胚性愈伤组织转入分化培养基，在温度

为 26～28 ℃、光照时间为每天 12～14 小时、光照强度为 2000～2500 lx 的条件下进行植株分化。

⑥生根培养。当分化出的小苗长至 3～5 cm 时，将其转接到生根培养基上进行生根和壮苗，以形成健康的完整植株。

3. 实验结果

对大麦成熟胚进行为期 1 周的诱导培养后，会有致密、干燥的淡黄色愈伤组织形成。经过继代培养的愈伤组织，其表面会出现淡黄色的颗粒，将胚性愈伤组织转入分化培养基中，大约 1 周后，愈伤组织表面会分化出一定数量的绿芽。

（三）大麦花药培养

大麦花药培养的主要实验材料为小孢子发育到单核中期的大麦幼穗，具体实验过程如下。

1. 培养基

①诱导培养基：C17 + 2，4 – D 2.0 mg/L + KT 0.5 mg/L + 蔗糖 8%（W/V）+ 琼脂粉 0.7%（W/V）。

②分化培养基：C17 + KT 1.5 mg/L + IAA 1.0 mg/L + 蔗糖 3.0%（W/V）+ 琼脂粉 0.7%（W/V）。

③生根培养基：1/2MS + NAA 0.5 mg/L + 蔗糖 3.0%（W/V）+ 琼脂粉 0.7%（W/V）。

将上述培养基的 pH 控制在 5.8～6.0，并在 121 ℃的 0.1 MPa 压力下湿热灭菌 20～30 分钟。

2. 实验步骤

①取材。将大田种植的、小孢子发育到单核中期的大麦幼穗放在保鲜袋中，并带回实验室。

②预处理。将穗子放入清水，在 4 ℃的低温环境下预处理 3～5 天。

③接种。用 75% 的乙醇擦拭幼穗后，剥除叶鞘并剪掉颖壳上端的 1/3，再用镊子夹取花药，将其接种到愈伤组织诱导培养基上。

④诱导培养。将接种好的花药放在 28 ℃的环境中进行散射光培养，2 周后，再将其移至强度为 1500～2000 lx 的光照下，并保持每天 12 小时的光照时间，50 天后，统计花药反应率和愈伤组织诱导率。

⑤分化培养。将诱导出的愈伤组织转入分化培养基中，在温度为 26～28 ℃、光照强度为 2000～2500 lx、光照时间为每天 12 小时的环境下进行分

化培养，25 天后，统计绿苗分化率和绿苗产量。

⑥生根培养。当分化出的小苗长至 3 ~ 5 cm 时，将其转接到生根培养基上进行生根和壮苗，以获得健康、完整的试管苗。

⑦试管苗的移栽。将试管苗放在温室中，打开瓶口，炼苗 2 ~ 3 天后，洗去苗根附着的培养基，并将苗移栽至营养土中。注意避免阳光直射，以免小苗灼伤。

3. 实验结果

在诱导培养的过程中，花药会逐渐从奶油色转为黄褐色，花药边缘开始出现小水珠，继而形成花粉胚或愈伤组织。30 ~ 50 天后，将直径 2 mm、颜色淡黄、结构致密、具备再生能力的花药愈伤组织转接到分化培养基中进行分化培养，此时，分化出的绿苗根往往较为脆弱，需要转入生根培养基中进行壮苗，以提高移栽成活率。

二、荞麦组织与细胞培养技术

荞麦又名甜荞、乌麦、三角麦，蓼目蓼科蓼族荞麦属，一年生草本植物。荞麦作为一种短日照作物，喜凉爽湿润，不耐高温，畏霜冻，其性甘味凉，常用于开胃宽肠、治疗绞肠痧和肠胃积滞，是面条、凉粉、饸饹等食物的原料之一。目前，在荞麦离体培养中常用的外植体包括子叶、下胚轴、幼茎、叶柄等。

（一）荞麦子叶与下胚轴培养

荞麦子叶与下胚轴培养的主要实验材料为荞麦种子，具体实验过程如下。

1. 培养基

①种子萌发培养基：MS + 蔗糖 3.0% （W/V） + 琼脂粉 0.7% （W/V）。

②诱导培养基：MS + 2，4 − D 2.0 mg/L + 6 − BA 1.5 mg/L + 蔗糖 3.0% （W/V） + 琼脂粉 0.7% （W/V）。

③芽分化培养基：MS + 6 − BA 2.0 mg/L + KT 1.0 mg/L + 蔗糖 3.0% （W/V） + 琼脂粉 0.7% （W/V）。

④根分化培养基：1/2MS + NAA 0.2 mg/L + 蔗糖 3.0% （W/V） + 琼脂粉 0.7% （W/V）。

将上述培养基的 pH 控制在 5.8 ~ 6.0，并在 121 ℃的 0.1 MPa 压力下湿热灭菌 20 ~ 30 分钟。

2. 实验步骤

①种子预处理。挑选数粒饱满的荞麦种子，用75%的乙醇浸泡30秒，再用10%的过氧化氢溶液消毒150分钟，之后用无菌水冲洗4次，在最后一次用无菌水冲洗时，注意将种子在水中浸泡12小时，使种皮软化。

②种子发芽培养。将经过预处理的种子接种到种子萌发培养基中，在26 ℃的环境中进行暗培养，等到种子萌发后，保持每天12小时的光照，且将光照强度控制在2500～3000 lx。

③愈伤组织诱导。5～7天后，将无菌苗的子叶和下胚轴分别切割成长6 mm、宽4 mm的切段，并接种在诱导培养基上进行愈伤组织诱导。

④分化培养。将诱导出的愈伤组织转至分化培养基，在温度为26～28 ℃、光照强度为3000 lx的条件下对试管苗进行分化培养。大约1周后，愈伤组织表面会形成一层乳白色的光滑表层，再过1周，表层顶部会长出绿色幼芽。

⑤生根壮苗。当苗长到2～3 cm时，将幼苗从愈伤组织上切下并转至生根培养基上，大约20天后，生根培养的试管苗可长成根系发达的健壮小苗。

3. 实验结果

将下胚轴切段接种在愈伤组织上，大约7天后，切口开始变大，9天后开始形成淡黄色、松软状的愈伤组织。愈伤组织经过分化培养后，会逐渐变为黄绿色，部分愈伤组织上还会出现深绿色的芽点，或分化出白色毛根。

（二）普通荞麦幼茎培养

普通荞麦幼茎培养的主要实验材料为荞麦种子，具体实验过程如下。

1. 培养基

①发芽培养基：MS＋蔗糖3.0%（W/V）＋琼脂粉0.7%（W/V）。

②诱导培养基：MS＋2，4－D 4.0 mg/L＋KT 0.2 mg/L＋蔗糖3.0%（W/V）＋琼脂粉0.7%（W/V）。

③继代培养基：MS＋2，4－D 1.0 mg/L＋KT 1.0 mg/L＋蔗糖3.0%（W/V）＋琼脂粉0.7%（W/V）。

④芽分化培养基：MS＋6－BA 3.0 mg/L＋IAA 0.1 mg/L＋蔗糖3.0%（W/V）＋琼脂粉0.7%（W/V）。

⑤生根培养基：MS＋IBA 2.0 mg/L＋KT 0.1 mg/L＋蔗糖3.0%（W/V）＋琼脂粉0.7%（W/V）。

将上述培养基的pH控制在5.8～6.0，并在121 ℃的0.1 MPa压力下湿

热灭菌 20～30 分钟。

2. 实验步骤

①外植体消毒与灭菌。用自来水浸泡 12 小时后剥去种壳，用 70% 的乙醇消毒 30 秒，再用 0.1% 的升汞溶液灭菌 10 分钟，最后用无菌水冲洗 5 次。将已灭菌的荞麦种子接种到无激素的 MS 培养基中，萌发培养出无菌苗，保持 28 ℃的培养室温度、1500 lx 的光照强度、每天 16 小时的光照时间。

②愈伤组织诱导。将长至 5 cm 的无菌苗幼茎切成 0.5 cm 的切段，将幼叶切成 0.5 cm^2的方块，用作外植体进行诱导，每 2 周继代 1 次。

③分化培养。将生长良好的愈伤组织接种到分化培养基上诱导不定芽，再将分化的不定芽移至生根培养基上，以培养出完整植株。

④再生苗移栽。当试管苗长到 5～7 cm、长出 3～4 片真叶时，对其进行移栽。在移栽前 2 天，先打开瓶盖炼苗，洗净根部培养基后再将其移至由腐质黏土和细河砂（体积比为 1：1）混合而成的土壤中，用玻璃罩罩住并保温保湿 1 周，小苗即可成活。

3. 实验结果

大约 4 天后，诱导培养基上幼茎的茎段开始增粗膨大，切口处形成突起，2 周后，愈伤组织呈淡黄绿色，质地疏松，生长旺盛。3 周以后，如果继续培养，愈伤组织的生长就会逐渐变慢，并伴有萎缩现象。

（三）荞麦叶柄培养

荞麦叶柄培养的主要实验材料为荞麦叶柄，具体实验过程如下。

1. 培养基

①诱导培养基：MS＋2，4－D 2.0 mg/L＋6－BA 1.5 mg/L＋水解乳蛋白 500 mg/L＋蔗糖 3.0%（W/V）＋琼脂粉 0.7%（W/V）。

②分化培养基：MS＋6－BA 2.5 mg/L＋KT 1.0 mg/L＋水解乳蛋白 500 mg/L＋蔗糖 3.0%（W/V）＋琼脂粉 0.7%（W/V）。

将上述培养基的 pH 控制在 5.8～6.0，并在 121 ℃的 0.1 MPa 压力下湿热灭菌 20～30 分钟。

2. 实验步骤

①外植体取材与愈伤组织诱导。在荞麦初花期剪取荞麦叶柄，用流水洗净后沥干。先用 75% 的乙醇浸泡 30 秒，再用 0.1% 的升汞溶液浸泡 15 分钟，用无菌水冲洗 5 次后，将其置于覆有无菌滤纸的培养皿上备用。

②诱导培养。将叶柄切成长约 0.5 cm 的切段，接种在附加愈伤组织诱

导培养基上，在26 ℃的环境下进行暗培养，每2周继代1次。

③分化培养。将继代培养良好的愈伤组织切成0.2～0.5 cm^2的小块，移至愈伤组织分化培养基中，在温度为26 ℃、光照强度为3000 lx、光照时间为每天12小时的条件下进行器官分化培养。

④生根壮苗。经过2周的培养后，丛生芽和不定根开始出现分化，待再生苗长至5～7 cm后，敞口炼苗1周，洗净根部培养基后再将其移至由腐质黏土和细河砂（体积比为1∶1）混合而成的土壤中，用玻璃罩罩住并保温保湿1周，小苗即可成活。

3. 实验结果

将叶柄接种在诱导培养基上，并在黑暗中培养大约10天后，外植体开始出现不同程度的伸长，愈伤组织颜色浅、较疏松，可用枪形镊子夹取、接种。继代培养应在3000 lx的光照强度下进行，18天后，叶柄外植体的两端会逐渐膨大并呈不对称哑铃状。

第四节　马铃薯和甘薯作物的组织培养

一、马铃薯组织与细胞培养技术

马铃薯，俗称“土豆”，茄科茄族茄属龙葵亚属，多年生草本植物，其块茎可供食用，是仅次于小麦、水稻、玉米的第四大粮食作物。马铃薯生长期短、适应性强、产量高、营养丰富，但同时也容易感染多种病毒，出现畸形、退化、薯块变小等问题，因此需要通过组织培养进行脱毒，以大幅提高马铃薯的产量。目前，常用于马铃薯离体快繁及脱毒的外植体包括茎尖分生组织、茎尖、茎段、叶片等。

（一）马铃薯茎尖分生组织培养脱毒

马铃薯茎尖分生组织培养脱毒的主要实验材料为马铃薯幼苗，具体实验过程如下。

1. 培养基

①茎段培养基：MS + IAA 0.2 mg/L + GA_3 0.1 mg/L + 蔗糖3.0%（W/V）+ 琼脂粉0.7%（W/V）。

②茎尖脱毒培养基：MS + 6 – BA 0.25 mg/L + NAA 0.02 mg/L + GA_3 0.1 mg/L + 蔗糖3.0%（W/V）+ 琼脂粉0.7%（W/V）。

③生根培养基：1/2MS + NAA 0.5 mg/L + 蔗糖 6.0% （W/V）+ 琼脂粉 0.7% （W/V）。

将上述培养基的 pH 控制在 5.8 ~ 6.0，并在 121 ℃的 0.1 MPa 压力下湿热灭菌 20 ~ 30 分钟。

2. 实验步骤

①取材和消毒。对需脱毒的品种块茎进行催芽，待芽长至 4 ~ 5 cm 后，将芽剪去并剥去外叶，用自来水冲洗干净。先用 75% 的乙醇漂洗 30 秒，再用 0.1% 的升汞溶液浸泡 5 ~ 6 分钟，最后用无菌水冲洗 3 ~ 4 次。

②茎段培养。切取长约 1 cm 的茎段，将其接种在茎段培养基上，在温度为 25 ℃、光照强度为 2000 lx、光照时间为每天 12 小时的条件下培养 25 ~ 30 天，待其生长成苗后，将试管苗转接至 MS 培养基上进行继代扩繁培养。

③茎尖分生组织脱毒培养。取出试管苗，切取带有 1 ~ 2 个叶原基的茎尖或腋芽，将其接种在茎尖脱毒培养基中，在温度为 22 ~ 25 ℃、光照强度为 2000 lx、光照时间为每天 12 小时的条件下进行培养，20 天后观察生长情况。

④生根培养。将生长健壮的试管苗转至生根培养基中，在温度为 25 ℃、光照强度为 1500 lx、光照时间为每天 12 小时的条件下进行生根壮苗。

⑤病毒检测。当试管苗长至 3 cm 且已生根时，将其移至高湿度的营养土中，并对植株进行病毒情况检查，数周后需再进行一次。马铃薯病毒的指示植物为千日红和苋色藜。

3. 实验结果

经过以上步骤后，可筛选出马铃薯脱毒幼苗，并将其作为茎尖微繁殖的原材料，用于马铃薯无毒苗的快速繁殖，以生产用于大田生产的原种。

（二）马铃薯茎尖微繁殖

马铃薯茎尖微繁殖的主要实验材料为马铃薯幼苗，具体实验过程如下。

1. 培养基

①试管苗生长培养基：MS + 6 – BA 1.0 mg/L + 蔗糖 3.0 （W/V）+ 琼脂粉 0.6% （W/V）。

②茎尖培养基：MS + 6 – BA 1.0 mg/L + NAA 0.5 mg/L + 蔗糖 6.0% （W/V）+ 琼脂粉 0.6% （W/V）。

③诱导微薯培养基：MS + 6 – BA 5.0 mg/L + 水杨酸 0.5 mmol/L + 蔗糖

8.0%（W/V）+琼脂粉0.6%（W/V）。

将上述培养基的pH控制在5.8～6.0，并在121℃的0.1 MPa压力下湿热灭菌20～30分钟。

2. 实验步骤

①材料的灭菌。从马铃薯幼苗上切取长约10 cm的茎尖，去掉苞叶，用自来水洗净后放入消毒瓶中，先用75%的乙醇漂洗30秒，再用2%的次氯酸钠溶液浸泡8～10分钟，最后用无菌水冲洗3～4次后备用。

②外质体的制备与接种。将试管苗切成1～2 cm的茎段（带腋芽），将其接种在150 mL的三角瓶中，每瓶可接5～6个茎段。先剥除幼叶，直至露出圆形的生长点，再切取0.1～0.25 mm的茎尖生长点，将其接种在茎尖培养基上。

③试管苗的生长培养。将接种后的培养物放在25～26℃的培养室中进行培养，保持每天16小时、强度为2000～3000 lx的光照。

④试管微薯的诱导。当试管苗生长大约40天后，在无菌条件下加入30 mL的诱导微薯培养基，在12～18℃的黑暗条件下进行试管微薯的诱导。20天后，将培养温度升至25℃，以促进块茎的膨大，50天后可采收微薯，称重测量。

3. 实验结果

接种在培养基上的茎段大约会在3天后长出腋芽，5天后长出3～5条根。当试管苗生长40天后，加入30 mL用于诱导微薯的液体培养基，会长出大量纤细的白色侧枝，且顶端呈弯曲钩状，新生侧枝生长迅速，7天便可伸长4～5 cm，顶端膨大，形成微薯。

二、甘薯组织与细胞培养技术

甘薯，旋花科薯蓣属甘薯种，属喜光的短日照作物，不耐寒、较耐旱。由于甘薯的块根、茎蔓等营养器官具有较强的再生能力，能够保持良种的性状，故而在生产上多采用块根、茎蔓、薯尖的无性繁殖。然而，长期的无性繁殖会使甘薯品种被病毒感染，导致品种严重退化，因此，需要利用茎尖微繁殖、茎尖分生组织培养脱毒等技术解决此类问题。目前，甘薯离体培养常用的外植体包括叶片、叶柄、茎尖、悬浮细胞等。

（一）甘薯叶片与叶柄培养

甘薯叶片与叶柄培养的主要实验材料为甘薯的叶片和叶柄，具体实验过

程如下。

1. 培养基

①诱导培养基：MS + KT 2.0 mg/L + IAA 0.5 mg/L + 蔗糖 3.0%（W/V）+ 琼脂粉 0.7%（W/V）。

②分化培养基：MS + 6 - BA 4.0 mg/L + NAA 0.01 mg/L + 蔗糖 3.0%（W/V）+ 琼脂粉 0.7%（W/V）。

将上述培养基的 pH 控制在 5.8 ~ 6.0，并在 121 ℃的 0.1 MPa 压力下湿热灭菌 20 ~ 30 分钟。

2. 实验步骤

①外植体消毒。取幼嫩叶片及叶柄，先用 75% 的乙醇消毒 30 秒，再用 0.1% 的氯化汞溶液杀菌 10 分钟，最后用无菌水冲洗 3 ~ 4 次。

②外植体接种。将叶片切成 5 mm × 5 mm 的小块，叶柄剪成长约 5 mm 的小段，将其转至添加了不同激素配比的诱导培养基中，在温度为 24 ~ 28 ℃、光照强度为 1600 lx、光照时间每天 16 小时的条件下进行培养。

③分化培养。30 天后，叶片和叶柄的愈伤组织均呈绿色，且质地致密，将其中优质的愈伤组织接种到分化培养基上，大约 15 天后，均可诱导成苗。

④壮苗移栽。当苗长至 5 ~ 7 cm 时，敞口炼苗 2 ~ 3 天，用镊子取出小苗并用温水冲洗根部残留的琼脂后，将其栽到含有营养土和蛭石的塑料盆中，一段时间后，再转至温室或大田培养。

3. 实验结果

对已诱导出绿色愈伤组织的叶片和叶柄进行分化培养，大约 15 天后，可诱导成苗。在分化培养基上培养 40 天后，即可诱导出 1 ~ 2 条根，且生长迅速；在继代分化培养的过程中，大约 8 天便可诱导出 1 ~ 2 条根。

（二）甘薯茎尖培养

甘薯茎尖培养的主要实验材料为种薯，具体实验过程如下。

1. 培养基

①茎尖成苗培养基：MS + 6 - BA 0.3 mg/L + NAA 0.01 mg/L + 蔗糖 2.5%（W/V）+ 琼脂粉 0.7%（W/V）。

②继代增殖培养基：MS + NAA 0.5 mg/L + GA_3 0.1 mg/L + 蔗糖 2.5%（W/V）+ 琼脂粉 0.7%（W/V）。

将上述培养基的 pH 控制在 5.8 ~ 6.0，并在 121 ℃的 0.1 MPa 压力下湿热灭菌 20 ~ 30 分钟。

2. 实验步骤

①外植体准备。在 28 ℃的温室内，对健壮的种薯进行育苗，当幼苗长至 15 cm 时，剪取 1.5 ~2.0 cm 的大茎尖，去除叶片，用蒸馏水冲洗干净，而后用 70% 的乙醇浸泡 30 秒，再用 0.1% 的升汞溶液消毒 8 分钟，最后用无菌水清洗 3 ~4 次。

②外植体接种与成苗。切取长度为 1.5 ~2.0 cm、带有 2 ~3 个叶原基的茎尖分生组织，将其接种到茎尖成苗培养基上。

③增殖继代培养。将试管苗切成 1.5 ~2.0 cm 的带腋芽茎段，转接到增殖继代培养基上进行增殖培养。

④壮苗移栽。当苗长至 5 ~7 cm 时，敞口炼苗 2 ~3 天，取出再生苗并洗去根部残留培养基，而后将其栽到含有培养土和蛭石的容器中，在温室生长一段时间后可将其移至大田，进行正常的田间管理。

3. 实验结果

MS 培养基上的种薯茎秆粗壮、根系发达、叶色深绿、生长迅速，其茎尖越小，越容易通过愈伤组织形成再生植株。在增殖培养基上培养 30 天后，根、茎、叶的生长情况便基本稳定，茎粗壮，根淡绿且发达，无黄叶，整体发育良好，诱导成活率可达 70% 以上。

第七章　经济作物组织培养实践

经济作物一般是指为轻工业提供原料的作物，包括水果、蔬菜、糖料作物、染料作物等。本章重点阐述了经济作物中的蔬菜作物的组织培养、油料作物的组织培养、果树和茶树的组织培养。

第一节　蔬菜作物的组织培养

一、生姜的组织培养

生姜是姜科多年生草本植物，能够食用的部分是根状茎，生姜可以入药，具有驱寒、温肺、止咳、解毒、促进血液循环等作用。生姜还是一种重要的调味品，在煲汤、炒菜时加入生姜，不仅能使食物更加鲜美，还能够开胃健脾、杀菌解毒、提升食欲。由此可见，生姜具有十分突出的价值。生姜的具体形态如图 7–1 所示。

图 7–1　生姜

当前，生姜繁殖的主要方式是少数品种的无性繁殖，这种方式会使生姜积累大量病毒，造成生姜种质退化、抗逆性减弱、品质变差，继而严重制约生姜的生产与发展。随着植物组织培养技术的不断发展，生姜的组织培养技术也变得愈发成熟。下面对生姜组织培养的基本技术进行介绍。

（一）外植体的选择与消毒

进行生姜的组织培养时，外植体可以选择生姜的茎尖、花芽、幼嫩叶片、幼嫩的根、根状茎等，其中最常用的是茎尖。

生姜携带的细菌与真菌相对较多，因此在进行组织培养时污染率较高，这就要求必须提前做好生姜的消毒工作，只有这样才能获得理想的培养效果。生姜消毒的过程如下：第一步，把生姜块放在自来水中冲洗干净，之后放在25 ℃左右的室内催芽，当芽长到3 cm左右时，将其取下并用自来水冲洗干净；第二步，在无菌环境中将芽置于70%的乙醇中消毒30秒，捞出后放在0.2%的次氯酸钠中浸泡15～25分钟；第三步，消毒后用无菌水冲洗芽6次左右，冲洗后用滤纸吸取芽表面的水分。

（二）丛生芽的诱导

在无菌环境中，将消毒后剥离剩1～2个叶原基、长0.5～1 mm的生姜茎尖接种到诱导培养基上进行培养，诱导培养基的成分为MS培养基、6－BA 2.0 mg/L、NAA 0.1 mg/L，培养温度为25 ℃左右。

（三）继代繁殖

在每月的继代过程中，可以分割诱导出一定的丛生芽，具体做法是将丛生芽移到继代培养基上，继代培养基的成分是MS培养基、6－BA 3.0 mg/L、NAA 0.1 mg/L，在培养一段时间后，丛生苗便会实现增殖。

（四）生根和移栽

当丛生芽长至1.5～2.0 cm时，将其分割成单株芽，并将单株芽接种到生根培养基中进行培养，生根培养基的成分为MS培养基、NAA 0.1 mg/L、蔗糖30 g/L、琼脂5.5 g/L，培养基的pH为5.8左右，培养温度为25 ℃左右。当培养基中的苗和根共长到5～6 cm时，将苗取出，将基部清洗干净，移栽到由腐质土、珍珠岩等物质构成的栽培基质中。

二、白菜的组织培养

白菜是十字花科芸薹属蔬菜，在我国的栽种历史十分悠久，品种资源也很丰富，是我国人民喜爱的蔬菜之一，其栽种面积、消费量等均居于我国各类蔬菜的首位。传统的白菜育种方法消耗时间较长，工作量也比较大，而游离孢子培育技术则有效缩短了白菜的育种周期，使育种效率有了极大提升。

下面对白菜的游离小孢子培养进行介绍。

（一）小孢子的发育时期和预处理

小孢子共有 3 个发育时期，包括单核期、双核期和三核期，其中单核期又可以分成 3 个阶段，即单核早期、单核中期和单核靠边期，最合适白菜小孢子培养的时期是单核靠边期。

在进行小孢子培养前，要做好预处理，具体做法是选择 2.5～3.5 mm 长的花蕾，将其放在 4 ℃的低温环境中处理 1～2 天。

（二）小孢子游离

小孢子游离的步骤如下。

第一步，用 70% 的乙醇浸泡花蕾 30 秒，之后将其放在 1% 的次氯酸钠溶液中浸泡 10～15 分钟，最后用无菌水冲洗 5 次。

第二步，把花蕾放到 10 mL 的试管中，在试管中加入 1 mL 的 B5 液体培养基，之后用玻璃棒挤出小孢子。

第三步，用 300 目滤网过滤小孢子悬浮液，收集其滤液并放在 10 mL 的玻璃离心管中，在 800 r/min 的速度下离心 5 分钟，除去上清液。

第四步，在玻璃试管中加入 5 mL 的 B5 液体培养基，这时小孢子会重新悬浮，在 800 r/min 的速度下离心 5 分钟，除去上清液。以上做法再重复一次。

（三）小孢子的培养

在玻璃试管中加入 NLN－13 培养基，按照每个器皿大约 7 个花蕾的小孢子密度，把悬浮液分装到直径为 60 mm 的培养皿中，用 Parafilm 封口膜封口，将培养皿放在 33 ℃的环境中培养 2 天，结束后将培养皿移动到 25 ℃的环境中进行暗培养，培养 15～20 天后，就能得到胚状体。

（四）小孢子的胚状体发生和植株再生

把胚状幼体接种到成分为 MS 培养基、3% 蔗糖、0.01 mg/L 活性炭、1.2% 琼脂培养基的固体培养基上，将培养基放在温度为 25 ℃的环境中培养，培养时每天的光照时间为 16 小时，光照强度为 45 μmol（m^2·s），在培养 15 天之后，可以看到胚状体从黄色变为绿色，并且胚状体发育成了小芽。将小芽转移到 B5 培养基上进行培养，培养 15 天后芽会发育为幼苗。将幼苗移到 MS 培养基上进行生根培养，一段时间后就能看到根长出，待根强壮之后，可进行苗的移栽。

三、大蒜的组织培养

大蒜是蒜类植物的统称，是多年生草本植物，属于浅根性作物，没有主根。大蒜整体上呈球形或者短圆锥形，外层有灰白色、淡棕色的膜制鳞皮，包裹了6~8个蒜瓣，剥开外皮后，就可以看到白色的蒜瓣，具体如图7-2所示。大蒜的气味十分浓烈，具有刺激性味道，能够食用，既可做调味品，也可入药。

图7-2　大蒜

由于大蒜具有较高的营养价值与经济价值，因此其在我国的种植面积较大。当前，大蒜的繁殖方式主要是无性繁殖，这就容易导致大蒜的品种退化、蒜体内病毒的传播与积累，继而使大蒜的产量、质量等受到影响。鉴于此，使用组织培养技术对大蒜品种进行改良是十分有必要的。当前，大蒜组织培养的主要方式有脱毒苗培养和单倍体育种，下面对这两种方式进行具体阐述。

（一）脱毒苗培养

大蒜病毒是大蒜出现种性退化的主要原因，种性退化主要表现为大蒜蒜头逐年减小、品质不断下降，培养大蒜脱毒苗是比较有效的防治大蒜病毒病的方式，大蒜病毒的脱毒方法有茎尖培养、花序轴培养、细胞胚培养等，经过脱毒培养的大蒜，其数量、质量等均会有显著的提升。

1. 茎尖脱毒培养

病毒在大蒜鳞茎的分布是不均匀的，离分生组织顶端距离越远的部位，其病毒的数量也就越少，因此，分生组织的顶端的病毒量极少，甚至没有病毒，茎尖脱毒方法也就较为简单。茎尖脱毒培养的方法具体如下。

第一步，把大蒜的鳞茎置于 4 ℃的环境中 30 天，之后用自来水将鳞茎表面冲洗干净，用 75% 的乙醇和升汞溶液对其进行消毒处理。

第二步，截取茎尖，将其接种到含有 6 - BA、NAA 的培养基上进行培养，在培养基中加入 30 g/L 的蔗糖和 7 ~ 8 g/L 的琼脂，培养基的 pH 为 5.8 ~6.0，培养温度在 25 ℃左右，每天光照时间为 12 ~ 16 小时，光照强度为 1200 ~ 2000 lx。在接种 30 天之后，茎尖就会发育成侧芽，接种 100 天后，可以得到丛生芽。

2. 花序轴脱毒培养

由于病毒不能通过分生组织和种子传播，而花序轴顶端分生组织的腋芽又具有较大的萌发潜力，因此，花序轴离体培养是一种效果突出的大蒜脱毒方法。花序轴脱毒培养的具体步骤如下。

第一步，当大蒜的蒜薹总苞长度达到 9 cm 左右时，在晴天将蒜薹摘下，如果不能及时处理，要将其放在 4 ℃的环境中保存备用。

第二步，用消毒的器具把蒜薹总苞段切下来，用纱布包裹住蒜薹，并用 70% 的乙醇对表面进行消毒，之后用 0.1% 的升汞溶液消毒 15 分钟，最后用无菌水冲洗 4 ~5 次。

第三步，在无菌的工作台上剥去蒜薹的苞叶，对花序轴的顶部进行横切，将花茎部分去除，把处理后的花序轴接种到诱导培养基上培养，一段时间后即可得到脱毒的大蒜腋芽。花序轴初代培养基由 B5 培养基、6 - BA、NAA、GA 等物质组成，继代培养基由 MS 培养基、6 - BA、NAA、GA 等物质组成。

3. 细胞胚脱毒培养

细胞胚脱毒培养具有再生植株数量多、培养速度快、结构完整等特点，把体细胞加工成种子有利于工业化、规模化的生产，因此，细胞胚脱毒法的发展前景十分广阔。在运用细胞胚脱毒法时，需要注意以下几点。

（1）外植体的选择

大蒜的茎尖、根尖、叶尖、花茎等几乎所有的器官都可以作为外植体，其中叶尖、发芽叶基、带茎尖的茎盘最适合作为外植体，因为这些部位的胚性愈伤组织诱导率较高。例如，带茎尖的茎盘、叶原基的胚性愈伤诱导率为 50%，根尖的诱导率超过了 60%，有时甚至可达 93%~100%。

（2）愈伤组织的分化

愈伤组织的来源不同，其分化能力也不尽相同。通常来说，分裂活动比较活跃的外植体，其愈伤组织的分化能力就会更强；分裂活动不够活跃的外植体，其愈伤组织的分化能力则相对较弱。另外，不同来源的愈伤组织分化所需的激素种类也是不同的，如不定芽在B5培养基中需要KT浓度达到2～4 mg/L时才能发生，在LS培养基中需要6－BA的浓度为0.25 mg/L。

（二）单倍体育种

1. 花药培养

使用花药培养技术有利于实现大蒜品种的筛选与优种保存，能够改良大蒜的品质与营养成分，同时也可以培育大蒜的新品种，因此，花药培养对大蒜的生产起着至关重要的作用。下面对大蒜的花药培养步骤进行具体阐述。

（1）取材和消毒

在大蒜抽薹时，用1%的乙酸洋红对健壮的、带有1～2 cm花茎的花苞进行染色，以观察花粉发育的状态，如果花粉发育正处于单核期，则取花苞作为外植体。

用流水将花苞冲洗干净，之后用75%的乙醇对花苞的表面进行消毒，接下来用0.1%的氯化汞对花苞进行消毒，消毒时间为6～10分钟，最后用无菌水冲洗花苞3～5次。

（2）接种和培养

在无菌环境中将花苞剖开，把花药接种到愈伤组织诱导培养基上进行培养，愈伤组织诱导培养基的成分为N6、2，4－D 3 mg/L、6－BA 2 mg/L，培养温度为25 ℃，每天光照时间是16小时，在接种25天后，培养基中就会出现愈伤组织；将愈伤组织移到分化培养基上进行培养，分化培养基可以选择B5培养基，因为其出芽率比LS和MS培养基高，分化培养基中要加入2～3 mg/L的KT，这样能够促进不定芽的分化。

2. 未受精子房培养

未受精子房培养的步骤具体如下。

第一步，选择处于生长中后期的蒜薹，用流水冲洗蒜薹1小时，之后将蒜薹放在75%的乙醇中消毒1分钟，接着用0.1%的升汞溶液对蒜薹进行消毒，消毒的时间为5分钟，结束后用无菌水冲洗4次左右。

第二步，切掉蒜薹的下段，将剩下的部分放到MS培养基中培养，培养一段时间后除掉气生鳞茎，继续培养一段时间，在开花前的1～2天，把花瓣和雄蕊剥掉，即可得到没有受精的子房。

第三步，把长势良好的子房接种到愈伤组织诱导培养基上进行培养，愈

伤组织诱导培养基的成分为 B5、6-BA 2 mg/L、NAA 1 mg/L，培养一段时间后可以得到愈伤组织。

第四步，把愈伤组织移到分化培养基上培养，分化培养基的成分是 B5、6-BA 3 mg/L、$^{-1}$NAA 1 mg/L，培养一段时间后可以得到不定芽。

第五步，将不定芽移到生根培养基中培养，生根培养基的成分是 B5、NAA 0.05 mg/L，培养一段时间后就可以得到完整的植株。

第二节　油料作物的组织培养

种子中含有大量脂肪，可用来提取油脂，从而供人食用的一类作物就是油料作物，主要的油类作物有大豆、油菜、花生、芝麻、苏子等。组织培养技术对油料作物的繁殖与生产具有重要的促进作用。本节以大豆和油菜为例，来探讨这两种油料作物的组织培养。

一、大豆的组织培养

大豆也被叫作黄豆，是豆科大豆属植物，是我国重要的粮食作物和经济作物，是食用油、植物蛋白等的主要来源。大豆的组织培养对大豆的大规模繁殖、品质的提升等具有重要的作用，当前大豆组织培养的方式有子叶培养、下胚轴培养、单细胞培养、顶芽培养、不定芽培养等。

（一）子叶培养

大豆子叶培养的具体步骤如下。

第一步，选择成熟的、颗粒饱满且没有病斑的大豆种子，将其放在水中浸泡 3 小时，之后用 0.1% 的升汞溶液消毒 5～8 分钟，接下来用无菌水冲洗四五次。

第二步，将处理后的大豆种子接种到 MS 基础培养基上，等种子萌发 3 天之后，切取子叶，将子叶中的胚和胚轴去除，之后将子叶接种到不定芽分化培养基中进行培养，不定芽分化培养基的成分是 MS、6-BA 2.0 mg/L、3% 的蔗糖、0.6% 的琼脂粉，培养的温度为 25 ℃，每天光照时间为 14 小时，光照强度是 2200 lx。

第三步，当苗长到 2～3 cm 时，把不定苗分割成单苗，将单苗移到生根培养基上进行培养，生根培养基的成分是 1/2MS、NBA 0.5 mg/L、3% 的蔗糖、0.6% 的琼脂粉，培养基的 pH 为 5.8～6.0，培养的温度为 25 ℃，每天光照时间为 14 小时，光照强度是 2200 lx。在培养一段时间后就能得到具有完整的根、茎、叶的植株。

第四步，把培养基的盖子打开，放置两三天，之后用镊子将小苗取出，用温水把根部清洗干净，栽到有营养土和蛭石的盆中，在培养室培养一段时间后，就可以移入温室中。

（二）下胚轴培养

下胚轴培养的步骤具体如下。

第一步，选择生长健壮的大豆幼苗，将其用流水冲洗干净，把带有子叶的下胚轴用 75% 的乙醇漂洗 30 秒，之后用无菌水冲洗 1 次，接着放在 0. 1% 的升汞溶液中浸泡 9 分钟左右，最后用无菌水冲洗 3 ~ 4 次。

第二步，从幼苗子叶 3 ~ 4 cm 处切断，取 2 ~ 3 cm 的下胚轴，将其接种到愈伤组织诱导培养基上，愈伤组织诱导培养基的成分是 MS、2，4 – D 2. 0 mg/L、6 – BA 1. 0 mg/L、3% 的蔗糖、0. 7% 的琼脂粉，把培养基移到培养室中，培养的温度是 25 ℃ 左右，在培养 10 天之后，就能得到愈伤组织。

第三步，当愈伤组织的直径达到 6 mm 时，将原本的下胚轴切断，把愈伤组织转移到分化培养基上培养，培养的温度是 25 ℃左右，每天光照 12 小时，光照强度是 2000 lx。培养一段时间后，愈伤组织就能长出幼苗。

第四步，把健壮的幼苗分割成单苗，将单苗转移到生根培养基上进行培养，生根培养基的成分是 1/2MS、NAA 0. 5 mg/L、6% 的蔗糖、0. 7% 的琼脂粉，培养基的 pH 为 5. 8 ~ 6. 0，培养的温度、光照等条件与愈伤组织培养的条件一致。继续培养一段时间后，就能够得到完整的植株。

第五步，打开培养基盖子 2 ~ 3 天，之后用镊子将小苗取出，用温水把根部清洗干净，栽到有营养土和蛭石的盆中，在培养室培养一段时间后，就可以移入温室中。

（三）单细胞培养

单细胞培养的步骤具体如下。

第一步，选取授粉 20 天之后的幼荚，使用 70% 的乙醇对其表面进行消毒处理，之后取出籽粒，将表皮去掉，把得到的子叶切成 0. 2 cm^2 的薄片，将薄片接种到愈伤组织诱导培养基上进行培养。愈伤组织诱导培养基的成分是 MS、2，4 – D 1. 5 mg/L、蔗糖 2. 0% 、琼脂粉 0. 7% ，培养温度为 25 ~ 28 ℃，每天光照时间是 12 小时，光照强度是 2000 ~ 3000 lx，每隔两周要继

代1次。

第二步，在子叶培养40天之后，可以看到培养基中形成了黄色和浅绿色的大块愈伤组织，将愈伤组织再生能力比较强的部位移到悬浮培养基上，将接入愈伤组织的悬浮培养基以400 r/min 的转速放在摇床上振荡培养，悬浮培养基的成分是 MS、2，4－D 0.5 mg/L、椰乳 2.0%，培养的温度是25～28 ℃，每天光照12小时，光照强度为1500～2000 lx。在培养14天后，用10目的尼龙网过滤掉愈伤组织碎块，并换上新液，继续培养14天之后，用30目的过滤网过滤悬浮培养液一次，可以得到大量的悬浮培养单细胞。

第三步，在悬浮培养细胞建立一个月之后，可以看到1～2 mm长的小块愈伤组织，当愈伤组织长到0.5 cm长时，将其移到固体培养基上培养，固体培养基的成分与悬浮培养基的成分一致，在培养半个月之后，就可以得到绿色的大块愈伤组织。

第四步，把绿色的大块愈伤组织移到生芽培养基中进行培养，生芽培养基的成分是 MS、ZT 0.11mg/L、3.0% 的蔗糖、0.7% 的琼脂粉，培养30天之后可以得到芽，将芽移到生根培养基中进行培养，生根培养基的成分是 MS、6－BA 0.2 mg/L、NAA 0.01 mg/L、2.0% 的蔗糖、0.7% 的琼脂粉，培养的温度是25～28 ℃，每天光照12小时，光照强度为1500～2000 lx。在培养一段时间后，芽就会长出健壮的根，并最终会长成完整的大豆植株。

（四）顶芽培养

顶芽培养的步骤具体如下。

第一步，选择没有病斑、褐斑的健康种子，用流水冲洗种子一昼夜，之后将种子用70% 的乙醇消毒1分钟，随后用0.2% 的氯化汞溶液消毒15分钟，最后用无菌水冲洗4次左右。

第二步，在无菌环境下将消过毒的种子剥皮，将种胚接种到发芽培养基上进行培养，发芽培养基的成分为 MS、蔗糖 2.0%、琼脂粉 0.7%，培养一段时间后可以得到无菌苗。

第三步，待子叶伸展之后，切取0.3～0.5 cm的顶芽，将其接种到诱导培养基上培养，诱导培养基的成分为 MS、2，4－D 0.2 mg/L、IBA 0.01 mg/L、3.0% 的蔗糖、0.7% 的琼脂粉，培养温度为26 ℃左右，光照强度是200～500 lx。

第四步，在顶芽接种8天之后，可以得到淡黄色、绿色的愈伤组织，将获得的愈伤组织转移到分化培养基上进行培养，培养温度是23 ℃，每天光照时间是 10 小时、光照强度为 2000 lx，分化培养基的成分是 MS、IBA 1.0 mg/L、KT 0.5 mg/L、ZT 0.5 mg/L、IAA 0.5 mg/L、3.0% 的蔗糖、0.7% 的琼脂粉。在培养 15～20 天之后，愈伤组织会分化出小芽，并最终生长成苗。

第五步，当小芽长到 3～4 cm 时，将不定芽割下并转移到生根培养基上，生根培养基的成分是 1/2MS、IBA 0.2 mg/L、2.0% 的蔗糖、0.7% 的琼脂粉，在培养一段时间后，可以得到具有根、茎、叶的完整植株。

（五）不定芽培养

不定芽培养的步骤具体如下。

第一步，选择成熟、健康、没有病斑的大豆种子，将其浸泡在 75% 的乙醇中 4 分钟左右，之后用 0.1% 升汞溶液对其灭菌 15～20 分钟，接着用无菌水冲洗 4 次，最后将其浸泡在 25 ℃的无菌水中，浸泡时间为 2 天。

第二步，取出浸泡好的种子，在无菌条件下取下胚轴连同胚尖生长点，并将其垂直向上接种到不定芽诱导培养基中培养，不定芽诱导培养基的成分是 MS、6－BA 3.0 mg/L、蔗糖 3.0%、琼脂粉 0.7%，培养基的 pH 是 5.8～6.0，培养温度为 25 ℃，每天保障光照时间达到 16 小时。

第三步，待长出不定芽后，把外植体移到不定芽伸长培养基上进行分化培养，不定芽伸长培养基的成分是 MS、6－BA 0.05 mg/L、IBA 0.1 mg/L、蔗糖 3.0%、琼脂粉 0.7%，培养基的 pH 是 5.8～6.0，培养温度为 25 ℃，每天保障光照时间达到 16 小时，每 10～14 天继代培养 1 次。

第四步，在分化培养 14 天之后，把不定芽切下，移到生根培养基中培养，生根培养基的成分是 1/2MS、NAA 0.5 mg/L、蔗糖 6%、琼脂粉 0.7%，培养基的 pH 是 5.8～6.0，培养温度为 25 ℃，每天保障光照时间达到 16 小时。

第五步，当芽长度为 5～7 cm、根有 4～7 条时，把培养基的盖子打开，2 天后小心取出小苗，用温水将小苗根部冲洗干净，将小苗种到有营养土和蛭石的盆里，培养一段时间后即可移栽到大田中。

二、油菜的组织培养

油菜属于十字花科，共有 3 种类型，分别为甘蓝型油菜、白菜型油菜和芥菜型油菜。油菜富含丰富的营养，尤其是维生素 C 的含量很高。除此之外，油菜的籽粒中含油量很高，并且这种油在人体内的消化利用率也较高，

因此，油菜是目前最重要的油料作物之一。当前，油菜的组织培养主要包含花柄、种子、花药、合子胚、花蕾和叶片的组织培养，下面将进行具体介绍。

（一）油菜花柄培养

油菜花柄培养的具体步骤如下。

第一步，对外植体进行消毒和接种。选择大田种植的生育期为170天的油菜植株，连同子房一起摘下其花柄。接着用70%的乙醇漂洗30秒，再用0.1%的升汞溶液浸泡8~10分钟，泡好后用无菌水清洗3~4次，并在无菌条件下切取花柄下部，注意带着子房和花托，一般切取0.5 cm左右即可。准备好丛生芽诱导培养基（MS+6-BA 5.0 mg/L+NAA 0.5 mg/L+蔗糖3.0%+琼脂粉0.7%），将切取下来的花柄插入其中进行培养。

第二步，将盛有花柄的丛生芽诱导培养基放入培养室中进行培养。培养室的温度要保持在26 ℃，光照强度为2000 lx，每天要保证10~12小时的光照时间。

第三步，在培养30天左右时，从丛生芽中切取单芽，并将单芽放在新鲜的培养基中进行不定芽的继代增殖培养。芽继代增殖培养基的成分是MS、6-BA 6.0 mg/L、NAA 0.5 mg/L、蔗糖3.0%、琼脂粉0.7%，培养室条件与第二步一致。

第四步，壮苗培养。将第三步培养出来的不定芽转至壮苗培养基（MS+6-BA 0.5 mg/L+NAA 0.1 mg/L+蔗糖3.0%+琼脂粉0.7%）中进行壮苗培养，培养室的光温条件同第二步。

第五步，生根培养。当上一步培养出来的试管苗长至3~4 cm，并且长出5~6片叶子时，就可以转入生根培养基中进行生根培养，生根培养基的成分为1/2 MS、NAA 0.5 mg/L、蔗糖3.0%、琼脂粉0.7%，培养室的光温条件与第二步一致。

第六步，炼苗移栽。将上一步培养基的瓶盖打开，炼苗2~3天，光温条件同第二步。炼苗结束后，洗去根部的培养基，在10月中下旬时，将苗移栽到大田中。移栽完成后要对其根部浇灌稀释的培养液（1/10 mS），隔日下午再浇一次，这样有助于提高存活率。

（二）油菜种子培养

油菜种子培养的具体步骤如下。

第一步，选择饱满无损坏的油菜种子，在无菌环境下对种子进行消毒，即先用75%的乙醇消毒1分钟，再用10%的次氯酸钠溶液消毒10分钟，最后再用无菌水冲洗3～4次。

第二步，用灭菌滤纸吸干第一步残留的水分，接着将其接种到MS固体培养基上，一般一个培养瓶中接种20粒种子。

第三步，将培养瓶放在温度为25 ℃，弱光（1500 lx），光暗周期为16 h/8 h的条件下培养一周后，对发芽率进行统计。

第四步，将上一步中的发芽幼苗转移到自然温度下进行炼苗，2～3天后，将苗移至水中进行培养。在水中培养2～3天后，再移栽至苗床进行培养，待苗成活后统计成苗率。

（三）油菜花药培养

油菜花药培养的具体步骤如下。

第一步，选取大田栽培的植株，选择小孢子发育处于单核期的花蕾进行培养。

第二步，对外植体进行消毒处理，即先用0.1%的氯化汞溶液灭菌10分钟，再用无菌水冲洗3～5次，并在无菌条件下取出花药，接种至诱导培养基（MS+2，4-D 2.0 mg/L+BA 0.2 mg/L+水解乳蛋白5.0 g/L+蔗糖3.0%+琼脂粉0.7%）中进行培养，培养室条件为室温26 ℃的黑暗培养。

第三步，当上一步中的花药愈伤组织长至绿豆籽大小时，就将其从花药上转移到新的继代培养基中进行继代培养。平均每20天进行一次继代，待获得一定数量的优质愈伤组织后，再将这些愈伤组织转移至分化培养基中进行芽的分化培养，分化培养基的成分是MS、GA_3 1.0 mg/L、BA 3.0 mg/L、蔗糖3.0%、琼脂粉0.7%。培养室条件为室温26 ℃，光照培养，光照强度为2000 lx，每天光照时间为10小时。

第四步，当上一步分化培养的不定苗长至2 cm时，切割不定芽转移至生根培养基（MS+IAA 0.5 mg/L+NAA 0.5 mg/L+蔗糖3.0%+琼脂粉0.7%）中进行生根培养。一般10天后，就能生成完整的植株，之后将其从培养瓶中取出，洗净琼脂，在正常移栽的季节移栽至大田中。

（四）油菜合子胚培养

油菜合子胚培养的具体步骤如下。

第一步，选取授粉后22天的角果，对其进行消毒处理，即用70%的乙醇溶液消毒30秒。随后剥取角果中未成熟的种子，并剥去种子外皮，将其接种到分化培养基（MS+6-BA 2.0 mg/L+NAA 0.1 mg/L+蔗糖3.0%+

琼脂粉0.7%）中进行培养。培养条件为温度23～25 ℃，光照强度2000 lx，每天光照时间为12小时。

第二步，在分化培养基中培养10天后，切除胚根再转移至新的分化培养基中进行培养，培养室的光温条件同上。

第三步，分化培养20天后，分割芽簇，接着转移至生根培养基（1/2MS＋IBA 0.5 mg/L＋蔗糖3.0%＋琼脂粉0.7%）中进行生根培养，培养室的光温条件同上。

第四步，在不定根生长至2～5 cm，并能看见侧根和根苗时，将试管苗的根部清洗干净，并将其移栽至灭菌介质中进行炼苗，炼苗3～5天后即可移栽至大田。炼苗室的光温条件同上。

（五）油菜花蕾培养

油菜花蕾培养的具体步骤如下。

第一步，从大田植株上剪取未伸展的幼嫩花蕾，并进行消毒处理，即先用75%的乙醇溶液消毒后，再用无菌水冲洗3～4次。消毒完成后即可接种至诱导培养基中进行培养，芽诱导培养基的成分是MS、BA 0.5 mg/L、蔗糖3.0%、琼脂粉0.6%。培养条件为温度26 ℃，光照强度2000 lx，每天光照时间为10～12小时。

第二步，经第一步诱导培养20天后，可在花蕾、花瓣等部位看见许多不定芽，将丛生不定芽切下并接种到增殖培养基中进行增殖培养。增殖培养基的成分与芽诱导培养基的成分一致，培养室的光温条件同上。

第三步，当芽体生长至2～3 cm时，对其进行切割并转移至生根培养基中进行生根培养。生根培养基的成分是1/2MS、NAA 1.0 mg/L、蔗糖3.0%、琼脂粉0.6%，培养室的光温条件同上。

第四步，当不定根生长至2～5 cm，且能观察到侧根和根毛时，即可将试管苗的根部洗干净，并将其移栽至灭菌介质中进行炼苗。炼苗3～5天后即可移栽至大田。

（六）油菜叶片培养

油菜叶片培养的具体步骤如下。

第一步，选取颗粒饱满、种皮完好无缺的油菜种子，对其进行消毒处理，先用70%的乙醇溶液消毒2分钟，无菌水冲洗1次；接着再用15%的过氧化氢灭菌35分钟，无菌水冲洗3次。消毒处理后，将种子放置在B5基本培养基中培养2天，获得幼苗，从中挑选几株健康壮硕的幼苗移植到新的

B5 基本培养基中继续培养。培养条件为温度25 ℃，光照强度2000 lx，每天光照时间为16 小时，其余时间保持黑暗。

第二步，经第一步培养5 ~6 天后，从中挑选子叶，并将挑选出来的子叶切成3 mm ×3 mm 大小，接着将切好的子叶放置于愈伤组织诱导培养基中进行培养，愈伤组织诱导培养基的成分是 B5、2，4 - D 0.6 mg/L、KT 0.2 mg/L、蔗糖3.0% 、琼脂粉0.7% 。此操作重复3 次。诱导培养8 周后，开始进行分化培养。分化培养过程为：将诱导培养出来的愈伤组织进行切块，然后移至分化培养基中培养，分化培养基的成分是 MS、6 - BA 4.0 mg/L、NAA 0.5 mg/L、蔗糖3.0% 、琼脂粉0.7% 。需要注意的是，在诱导培养期间，每隔2 周要进行一次继代。培养室的光温条件同上。

第三步，当芽体生长至2 ~3 cm 时，对其进行切割并转移至生根培养基中进行生根培养。生根培养基的成分是1/2MS、IBA 1.0 mg/L、蔗糖3.0% 、琼脂粉0.7% ，培养室的光温条件同上。

第四步，当不定根系生长出3 ~5 根，并且足够壮硕时，先进行敞口炼苗，2 ~4 天后取出试管苗，将其根部洗干净，并移栽至灭菌介质中进行炼苗。炼苗3 ~5 天后即可移栽至大田。

第三节　果树、茶树的组织培养

一、果树的组织培养

当前，果树的组织培养技术已基本成熟，下面重点阐述苹果树的组织培养和香蕉树的组织培养。

（一）苹果树的组织培养

苹果树是落叶乔木，也是世界上最重要的果树作物之一，其成熟的果实一般是红色，并含有丰富的营养物质，是深受人喜爱的水果。组织培养在苹果树的离体快繁、脱毒苗生产、物种资源保存等方面都有着广泛的应用，组织培养技术的应用，大大提升了苹果树的育苗速度，促进了苹果树品种复壮，同时缩短了苹果树育种时间，对苹果树今后的改良与发展具有重要的作用。下面对苹果树的离体快繁和脱毒苗繁育进行具体阐述。

1. 苹果树的离体快繁

借助苹果树的离体快繁技术，能够在短时间内获得大量的苗木，加快优

良品种的繁殖速度，对苹果树优良品种的推广、矮化密植等具有重要的作用。苹果树的离体快繁具体包括以下步骤。

（1）茎尖分离和灭菌

苹果树的茎尖培养包括两种：一种是普通茎尖培养，另一种是微茎尖培养。微茎尖培养将在苹果树的脱毒苗繁育中提及，这里主要阐述的是普通茎尖培养。

在春季，选择腋芽饱满的苹果树嫩枝，把嫩枝切成长度为1.5 cm的茎段，要保证每个茎段至少有一个腋芽，去掉叶片并剥掉腋芽的鳞片，将处理后的茎段放在流水中冲洗2小时，之后将其放在1%的次氯酸钠中消毒20分钟，接着用无菌水冲洗茎段3次以上，取下消毒后的腋芽备用。

（2）初代培养

将腋芽接种到MS培养基上，向培养基中加入6－BA 1.0～4.0 mg/L与NAA 0.1～1.0 mg/L，以此来进行初代培养。根据苹果基因的不同，也可以使用DKW、WPM等基本培养基，并在培养基中添加谷氨酰胺、抗坏血酸、聚乙烯吡咯烷酮等物质，以此降低苹果组织褐变率。

（3）继代增殖培养

为促进试管苗的分化，要在初代培养结束后将苗移到继代培养基中进行培养，继代增殖培养基的成分为MS培养基、6－BA 0.5 mg/L、NAA 0.05 mg/L，进行继代培养时，温度为25～28 ℃，每天的光照时间是10小时，光照强度是2000 lx。

（4）生根和驯化移栽

当培养基中苗的长度达到2～3 cm时，将其移到生根培养基中培养，生根培养基的成分是MS培养基、IBA 0.3～1.0 mg/L，培养环境与继代培养环境一致。当培养苗的根长度达到3 cm、数量大于4条且有超过4片叶子时，开始进行炼苗。炼苗时先把培养基放在室内，自然光炼苗6天，之后打开培养基盖子炼苗3～6天，随后将苗从培养基中取出，用清水洗掉苗根部的培养基残留，并将苗移到基质上，基质成分为蛭石、草炭和营养土，三者的比例为2：2：1。

2. 苹果树的脱毒苗繁育

危害苹果树的病毒有很多种，要想防治苹果树病毒，培养无菌苗木是一个有效的方式。苹果脱毒苗的繁育技术有热处理、茎尖培养、茎尖微体嫁接和病毒抑制剂结合茎尖培养。

（1）热处理

病毒和苹果中细胞对高温的忍耐性是不同的，因此，适当控制温度能够抑制病毒的繁殖，使苹果细胞的生长速度超过病毒的生长速度，这就是热处理脱毒的原理。在经过热处理之后，再进行嫩梢嫁接、茎尖培养等，就可以得到不含病毒的新植株。

热处理的方法如下：在初春时期，把盆栽的苹果苗移到温室中，等苹果苗长出 4 片左右的新叶后，将其放入热处理箱中，在 37 ℃环境下处理 30 天，如此，脱毒率便可超过 80%。在热处理之后，从盆栽苗的顶部切取 2 ~ 3 cm 长的梢枝，用次氯酸钠对顶梢进行消毒，接着用无菌水冲洗顶梢，随后再剖取 1.0 mm 的茎尖，将茎尖接种到培养基上培养，这样就能够得到无病毒的苹果苗。

（2）茎尖培养

病毒在苹果体内的分布是不均匀的，生长较为旺盛的茎尖一般没有病毒或很少带有病毒，因此，茎尖培养是一种有效的苹果脱毒方法。

从苹果母株上截取当年的新梢，对新梢进行常规消毒后，在无菌环境中切取 0.1 ~0.2 mm 的茎尖，将茎尖接种到合适的培养基上进行培养，这样能够成功脱除苹果树中的一些病毒，如果对得到的试管苗进行第二次茎尖培养，则能够有效提升脱毒的效果。需要注意的是，苹果树病毒脱除率和茎尖的大小是负相关的，当茎尖长度大于 0.2 mm 时，将很难脱除病毒，因此，这种脱毒方式属于微茎尖培养。

（3）茎尖微体嫁接

微体嫁接即把苹果苗的茎尖作为接穗，嫁接到由种子培养出的、不带病毒的实生砧木上，从而获得无菌苗木的技术。茎尖的大小、病毒的种类、接穗的来源等因素都会影响茎尖微体嫁接的成活率和脱毒率。

（4）病毒抑制剂结合茎尖培养

在进行茎尖培养时，使用脱毒药剂，如抗生素、氨基酸、嘧啶和嘌呤类似物等，能够脱除苹果树中的部分病毒，这种方式适用于较大茎尖的培养，优点是易成苗，缺点是容易导致脱毒苗发生变异。

（二）香蕉树的组织培养

香蕉树是常绿多年生大型草本果树，香蕉则是受人喜爱的、重要的水果种类。香蕉树的栽种品种多是三倍体，因此，香蕉的繁育方式以无性繁殖为主，如吸芽、球茎繁殖等，但是吸芽、球茎繁殖存在繁殖率低、种苗规格不

一致等问题，香蕉树的组织培养则能够有效解决这类问题。借助香蕉的茎尖培养、花序轴切片培养等技术，能够实现香蕉种苗的组培工厂化生产，可以说，香蕉树是当前组织培养技术应用最成功、最广泛的树种之一。

1. 香蕉树的茎尖培养

香蕉树的茎尖培养会用到假茎基部球茎的顶芽与吸芽，因为顶芽材料有限，因此，一般将吸芽作为香蕉树茎尖培养的主要材料，吸芽的具体形态如图 7–3 所示。当前吸芽的培养技术已经相当成熟，主要步骤包括取材与消毒、芽诱导和增殖、根诱导成苗、移栽。

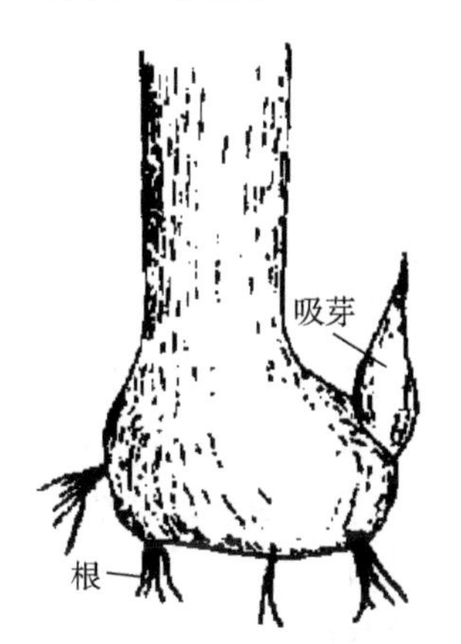

图 7–3　香蕉的吸芽

（1）取材与消毒

在初春或秋季，选择健康的、没有病害的吸芽作为外植体，把带有茎尖的球茎切成长度为 5 ~ 8 cm、3 cm 见方的材料，首先将其用自来水冲洗干净，之后放在 75% 的乙醇中浸泡 15 秒，捞出后用 1.5% 的次氯酸钠溶液消毒 20 分钟，之后用无菌水冲洗数次。

（2）芽诱导和增殖

将处理好的吸芽剥去苞片，使茎尖露出，将茎尖接种到芽诱导培养基上培养，芽诱导培养基的成分是 MS 培养基、BA 0.5 ~ 1.0 mg/L、NAA 0.1 ~ 0.2 mg/L、2% ~ 4% 蔗糖、0.6% ~ 0.8% 琼脂粉，培养基的 pH 为 5.6 ~ 6.0。在接种之后，可以看到外植体开始膨大，叶原基伸长，并逐渐形成小叶片，最终茎尖会长成 4 cm 左右的芽；这时将芽纵向切成两半，放入芽增殖培养基中进行培养，培养 14 天后可以看到基部侧面有淡绿色的突起，继续培养

14 天后，可以得到多个增殖芽；把增殖芽切下来，移入增殖培养基中培养，培养 15 ~ 25 天左右可以得到新芽。

（3）根诱导成苗

待芽长到 6 cm 左右时，将芽切下来移到生根培养基上，生根培养基的成分是 MS 培养基、NAA 0.1 ~ 1 mg/L、1 ~ 3 g 活性炭，在培养 2 ~ 4 周之后，就能够得到具有根、茎、叶的完整植株。

（4）移栽

当小苗有 3 片左右叶子时，可以进行炼苗，炼苗后将苗移栽到苗床。在进行移栽时，要洗净苗根部残留的培养基。当苗长到 25 cm 左右时，就可以将苗移栽到大田。

2. 香蕉树的花序轴切片培养

花序轴是香蕉树组织培养中常用的外植体，其培养的具体过程如下。

第一步，截取香蕉树顶端的、没有结果的花序轴 8 ~ 15 cm，将其放在无菌工作台上消毒，并用无菌水冲洗数次，接着把花序轴的苞叶剥去，两端都切掉 2 ~ 5 mm，将剩下的花序轴切成 3 mm 厚的小片。

第二步，将小片接种到胚状体诱导培养基上，胚状体诱导培养基的成分是 MS 培养基、6 – BA 2.0 mg/L、IAA 2.0 mg/L、CH 200 mg/L、2% ~ 3% 蔗糖、0.7% ~ 0.8% 琼脂，培养基的 pH 为 5.6 ~ 6.0，培养温度为 25 ~ 28 ℃，每天光照时间是 14 小时，光照强度是 1000 lx。在培养初期，切片是嫩白色的，接种一周后切片会转为褐色、黑色，皮层会变为绿色。接种一个月后，可以看到子房和花序轴有许多似芽组织，将这些似芽组织移至继代培养基中，可得到幼芽。

第三步，当芽的长度达到 3 cm 时，把无根芽移到生根培养基上培养，生根培养基的成分是 1/2MS、NAA 1.0 mg/L（或 IBA 0.2 ~ 1.0 mg/L），在培养 15 天之后，选择长势良好的幼苗进行驯化和移栽。

二、茶树的组织培养

茶树是山茶科、山茶属植物，叶子可以制茶，种子能够榨油，具有突出的经济价值。组织培养技术对茶树的品质改良、种质资源保存等具有重要的意义。茶树的组织培养是从 20 世纪 60 年代开始的，之后各国的学者为茶树组织培养做出了许多贡献，当前茶树的组织培养已取得了不错的成就。茶树组织培养的相关问题包括外植体的选择、外植体的灭菌、培养基的确定、生

长调节物质的确定等。

（一）外植体的选择

外植体的选择直接决定了组织培养的成功与否。相关学者的研究表明，茶树的花茎、茎段、子叶、腋芽、胚、花药、叶片、下胚轴等都可以作为外植体。但是当外植体的取材部位、取材时间，或提供外植体的植株的年龄、发育阶段、生长环境不同时，组织培养的形态发生也不尽相同。通常情况下，春季的新梢、冬季催芽萌发的嫩茎等是比较好的外植体。另外，室内人工控制环境下培养的苗比田间自然环境中生长的苗更适合作为提供外植体的植株，原因是前者受到的污染较轻，消毒更为方便。

（二）外植体的灭菌

外植体的灭菌是茶树组织培养的关键步骤，在将外植体接种到培养基之前，必须对外植体进行彻底消毒与灭菌，外植体消毒比较常见的方式是洗衣粉清洗表面、自来水冲洗、75% 的乙醇消毒、次氯酸钠或升汞消毒、无菌水冲洗等。根据相关学者的研究，当前效果最好的茶树外植体灭菌方式是将外植体放在洗衣粉溶液中清洗 5 分钟，随后放在自来水下冲洗 2 小时，在无菌环境中用 75% 的乙醇灭菌 30 秒，用 0. 1% 的升汞溶液灭菌 8 分钟。

（三）培养基的确定

根据相关学者的研究，MS 培养基是茶树组织培养中效果最好的培养基，与 White 的 N6 培养基相比，MS 培养基更利于茶树愈伤组织的生长，其愈伤组织诱导率可以达到 90% 。

（四）生长调节物质的确定

生长调节物质是培养基中比较关键的物质，影响着组织培养的结果。一般来说，在快速繁殖时，所需生长素水平较低；在诱导愈伤组织生成时，所需生长素水平较高；在诱导芽生成与生长时，需要有高水平的细胞分裂素。具体来说，在进行茶树组织培养时，在培养基中添加高浓度的 BA，可以得到丛生芽；在进行生根培养时，先用 IBA 对外植体进行预处理，再将其转入新的培养基中，可以提高生根率。

参考文献

[1] 巩振辉，申书兴．植物组织培养［M］.2 版．北京：化学工业出版社，2013.

[2] 陈劲枫．植物组织培养与生物技术［M］.北京：科学出版社，2018.

[3] 王金刚，张兴．园林植物组织培养技术［M］.北京：中国农业科学技术出版社，2008.

[4] 钱子刚．药用植物组织培养［M］.北京：中国中医药出版社，2007.

[5] 李春莲．主要农作物组织与细胞培养技术［M］.杨凌：西北农林科技大学出版社，2018.

[6] 陈耀锋．植物组织与细胞培养［M］.北京：中国农业出版社，2007.

[7] 中国科学院上海植物生理研究所．细胞室植物组织和细胞培养［M］.上海：上海科学技术出版社，1978.

[8] 焦瑞身．细胞工程［M］.北京：化学工业出版社，1989.

[9] 朱至清．植物细胞工程［M］.北京：化学工业出版社，2003.

[10] 肖尊安，植物生物技术［M］.北京：化学工业出版社，2005.

[11] 张献龙，唐克轩．植物生物技术［M］.北京：科学出版社，2005.

[12] 王蒂．植物组织培养［M］.北京：中国农业出版社，2004.

[13] 沈海龙．植物组织培养［M］.北京：中国林业出版社，2005.

[14] 谭文澄，戴策刚．观赏植物组织培养技术［M］.北京：中国林业出版社，1991.

[15] 谢从华，柳俊．植物细胞工程［M］.北京：高等教育出版社，2004.

[16] 王家福．花卉组织培养与快繁技术［M］.北京：中国农林出版社，2006.

[17] 王水琦．植物组织培养［M］.北京：中国轻工业出版社，2007.

[18] 熊丽，吴丽芳．观赏花卉的组织培养与大规模生产［M］.北京：化学工业出版社，2003.

[19] 彭星元．植物组织培养技术［M］.北京：高等教育出版社，2006.

[20] 杨增海．园艺植物组织培养［M］.北京：农业出版社，1987.

[21] 程广有．名优花卉组织培养技术［M］.北京：科学技术文献出版社，2001.

[22] 崔德才，徐培文．植物组织培养与工化育苗［M］.北京：化学工业出版社，2003.

[23] 杜浩．能源植物甜高粱耐盐品种的筛选、组织培养及其遗传转化研究［D］.镇江：江苏大学，2017.

[24] 木合热皮亚·艾尔肯．棉花组织培养体系的建立和盐穗木耐盐相关基因转化植物的耐盐性分析［D］. 乌鲁木齐：新疆大学，2013.

[25] 李倩．几种观赏苔藓植物对水体环境的适应和组织培养研究［D］. 上海：上海师范大学，2013.

[26] 戴欢．两种园林植物的组织培养和种质创新研究［D］. 武汉：华中农业大学，2010.

[27] 杨旭，钱红梅，程立宝．园艺植物组织培养实验教学改革与创新探索［J］. 西南师范大学学报（自然科学版），2019，44（9）：129－132.

[28] 马兰．植物组织培养技术在花卉生产中的应用［J］. 江西农业，2019（10）：11.

[29] 邵煜，李璐．植物组织培养技术在园林植物育种中的应用进展［J］. 农村经济与科技，2019，30（9）：56－58.

[30] 陶阿丽，曹殿洁，华芳，等．植物组织培养技术研究进展［J］. 长江大学学报（自然科学版），2018，15（18）：31－35.